LA VIE

ET

LE LANGAGE

ENSEIGNÉS L'UN PAR L'AUTRE

Par Alphonse GUYOT

A GYÉ-SUR-SEINE (AUBE)

BAR-SUR-SEINE

TYPOGRAPHIE ET LITHOGRAPHIE SAILLARD

—

1875

NOUVEAU
SYSTÈME D'ENSEIGNEMENT

PRINCIPES GÉNÉRAUX DU LANGAGE

APPLICABLES A TOUTES LES LANGUES

Le langage est un moyen de communication réciproque de la Pensée.

La Pensée est le principe moyen de la vie individuelle, chargée de la direction et de l'emploi des formes de l'organisme dans le but de pourvoir à sa conservation et à la satisfaction de tous ses besoins.

Le langage, traducteur de la pensée, ne peut pas avoir un autre but; il en augmente seulement la portée ; son rôle est de constituer la grande association humaine par la mise en commun des pensées de tous dans l'intérêt de chacun, et par la direction et l'emploi des forces de chacun dans l'intérêt de tous.

Intérêt qui se résume ainsi : Multiplication par le nombre des associés des moyens de conservation de l'individu et de satisfaction de tous ses besoins.

Le langage n'étant qu'une traduction des opérations de la pensée n'a pas de principes qui lui soient propres.

Les principes d'une traduction ne se trouvent que dans l'ouvrage traduit.

Pour faire connaître les principes du langage, il nous faut donc faire connaître toute la pensée.

La Pensée n'opère pas dans le vide; elle a nécessairement un objectif, il nous faudra faire connaître cet objectif.

Faire connaître l'objectif de la pensée est encore insuffisant, il faut trouver les moyens d'atteindre cet objectif.

Enfin, la Pensée est la Vie moyenne. Elle se lie à une autre Vie, puis encore à une autre vie qui, quand on les connaît toutes trois, reviennent bientôt à l'unité; or, il serait impossible de parler utilement d'une partie étroitement liée à deux autres parties sans bien préciser l'ensemble.

Les corps et les actions qui émanent des corps et ne peuvent en être séparées sont le seul objectif de la pensée; on ne peut rencontrer dans le langage, traducteur de la pensée, que des corps et des actions. Un mot du langage qui ne désignerait pas un corps ou une action, ruinerait aussitôt notre système et nous forcerait à nous arrêter court; nous n'avons pas à craindre la découverte de ce phénomène et nous allons continuer.

L'Univers tout entier est un seul corps homogène, infini, immense, éternel, animé et dirigé par un esprit dans les même conditions.

On nomme Esprit ou pensée la partie spéciale d'un corps dont les fonctions sont seulement spéculatives, c'est-à-dire ne portent que sur la direction à donner aux actions sans jamais y prendre part et sans jamais se révéler autrement que par ces actions.

Le corps et l'esprit restent de même nature, sont inséparables et nécessairement indivisibles. Ils sont complémentaires l'un de l'autre; l'Esprit dirige le corps, c'est-à-dire qu'une partie du corps dirige l'autre partie du corps et le corps manifeste l'Esprit.

D'ailleurs un lien commun les enchaîne nécessairement et indissolublement l'un à l'autre : ce sont les actions, produit simultané de l'esprit et du corps.

L'esprit conçoit les actions et les commande ; le corps obéit et les exécute. Le langage ne s'adresse jamais à l'Esprit, d'abord parce qu'il n'y a entre le corps et l'esprit qu'une différence de fonctions; ensuite parce que l'esprit reste toujours impénétrable et caché en dehors des actions qui ne le font connaître que par induction.

Le Corps universel se divise à l'infini; toutes ses divisions restent parties de ce grand corps, et sont des corps elles-mêmes dans les mêmes conditions, avec une part proportionnelle dans l'esprit qui anime le grand tout sans faire cesser l'unité.

Conclure du particulier au général peut paraître contraire aux règles d'une bonne logique. Cependant si la créature est à l'image du créateur, le Créateur est nécessairement à l'image de la créature, et l'on peut s'appuyer sur cette donnée généralement admise; d'autre part, créer, c'est donner une partie de soi-même; or la partie a nécessairement une ressemblance avec le tout dont elle est extraite sans cesser de lui appartenir et sans rompre l'unité.

A ce titre l'étude de la vie individuelle humaine, la seule qui ait des rapports avec le langage, fera connaître la vie universelle et ses autres parties dans lesquelles se trouve comprise la vie humaine.

Les grands corps sidéraux sont une division de la vie universelle; la vie humaine est une production de l'un de ces grands corps.

L'univers renferme ainsi trois espèces de vie : la vie de l'ensemble ou vie universelle, la vie des différentes parties ou vie générale, et la vie des productions de la vie générale ou vie individuelle humaine, la seule qu'il s'agisse désormais d'examiner dans ses rapports avec le langage.

Nous n'avons jusqu'ici procédé que par une affirmation simple des grands principes ci-dessus proclamés; nous allons en trouver à chaque pas les preuves les plus absolues dans les rapports du langage avec la vie humaine.

De la Vie humaine.

Le Créateur ne fait point mystère de lui-même ni de ses moyens de création, ne joue point à cache-cache et n'a point de secrets pour ceux qui veulent étudier.

La vie humaine se compose de trois parties : vie constitutionnelle, vie accidentelle ou moyenne, vie active.

La vie constitutionnelle se compose de trois parties : 1° appareil de digestion; 2° appareil de respiration; 3° appareil de circulation avec des parties accessoires ou complémentaires pour chaque appareil.

Les fonctions de l'appareil digestif sont de sécréter les parties utiles des aliments soumis à son action et de rejeter le surplus.

Les fonctions de l'appareil de respiration sont d'abord d'appeler dans la poitrine les parties utiles sécrétées par l'appareil digestif; de leur donner, là, les qualités du sang et de les pousser ensuite à l'appareil de circulation.

Les fonctions de l'appareil de circulation sont de recevoir dans une de ses cavités le sang qu'y a poussé une première aspiration; de recevoir de même dans une seconde cavité le sang qu'y pousse l'aspiration suivante, ce qui force, par la pression de l'une sur l'autre, la première cavité à se vider avec force dans les artères qui portent le sang dans toutes les parties du corps, le distribuant partiellement en route dans les veines.

Nous n'avons pas parlé du moteur de ces trois appareils placés en dehors de l'action de la pensée : c'est l'air, partie de la vie générale qui en est l'âme, le grand ressort, et voici comment il agit :

Le mouvement alterne d'entrée et de sortie de l'air dans la poitrine n'a pas besoin d'être démontré; en sortant de la poitrine, l'air agit comme pompe aspirante et y appelle une petite partie des sécrétions utiles de l'appareil digestif.

En entrant dans la poitrine, l'air rafraîchit (*hématose*) ces sécrétions utiles leur donne, par là, les qualités du sang; et, tout d'un temps (*omnis et unâ*), comme pompe foulante, les pousse dans la circulation.

On reconnaîtra bientôt dans ces fonctions de la poitrine à l'égard de l'estomac et du cœur l'attraction qui a pour effet l'impulsion, exactement comme dans la vie générale le mouvement ou impulsion des corps a pour origine l'attraction.

Les trois appareils sont encore l'élément de la chaleur interne qui a pour origine les mouvements répétés ou rapides.

Le sang, produit des trois appareils, réparti comme on vient de le voir, est aussi l'élément de la constitution, de la croissance et de l'entretien de la vie individuelle.

L'air cessant d'entrer dans la poitrine la vie cesse.

Omnis et unâ

Dilapsus calor atque in ventos vita recedit. Virg. *Ene*. l. 4.

La vie constitutionnelle est mécanique ; la pensée n'y peut rien ajouter, n'y peut rien retrancher et n'a, par conséquent, rien à lui commander ; son rôle se borne à prévoir ses besoins et à les satisfaire.

Voilà d'une façon bien sommaire, mais suffisante pour établir ses rapports avec le langage, ce qu'est la vie constitutionnelle, première partie de la vie individuelle humaine.

De la Vie accidentelle ou Pensée ou Esprit.

Deuxième Partie de la Vie humaine.

La vie accidentelle ou Pensée a son siége au cerveau, véritable citadelle inaccessible de toutes parts autrement que par les sens. Ainsi placée au sommet de la vie humaine, trois sentinelles, sous sa dépendance immédiate, ont pour consigne absolue de ne rien laisser passer de ce qui peut se voir, entendre ou sentir sans lui en rendre un compte fidèle, exact et complet.

Avant de dire comment les trois sentinelles peuvent s'acquitter de leur mission, il est bon de connaître la nature de la constitution de la pensée.

L'appareil général de la pensée, hermétiquement enfermé dans la boîte osseuse du crâne, est une masse de substance molle appelée centre nerveux ; son prolongement antérieur externe comprend les trois sens : la vue, l'ouïe et l'odorat ; son prolongement postérieur interne suit toute la colonne vertébrale, dont la fermeture osseuse également hermétique, mais articulée, contient les innombrables filets nerveux répandus à profusion dans tout l'organisme pour y porter partout les ordres de la pensée et rapporter en retour tout ce qui peut affecter l'organisme et réclamer l'intervention de la pensée.

La Pensée, seconde partie de la vie individuelle, est chargée de parer à tous les accidents dont cette vie peut être menacée, de pourvoir à sa conservation et à la satisfaction de tous ses besoins, notamment en ce qui concerne la vie constitutionnelle, dont, pour l'estomac surtout, elle est la très-humble servante.

Il faut dire de suite que cette servilité n'a rien de rebutant, la nourriture de l'estomac étant en réalité la nourriture des trois parties de la vie, et par conséquent de la pensée elle-même, qui prend la plus large part à la circulation du sang dont nous avons fait connaître le rôle dans la vie constitutionnelle.

La Pensée se compose de trois parties. La première partie se compose, avec les trois sens, du premier centre de ses opérations, qui se nomme la Mémoire ; la deuxième partie se compose de trois autres sens internes dans le second centre de ses opérations, qui se nomme le Jugement ; la troisième partie se compose également de trois autres sens internes dans le troisième centre de ses opérations, qui se nomme Qualités ou raisonnement, avec disposition des filets nerveux porteurs de ses ordres, ce qui constitue le commandement, comme les trois premiers sens constituent la perception des corps.

La Pensée se nomme encore l'Esprit. On s'étonnera, d'après une idée généralement acceptée, que la pensée, qui est l'esprit du corps, soit un mécanisme, qu'elle prenne une large part dans les propriétés du sang qui la nourrit comme il nourrit le surplus du corps, qu'elle ait elle-même un corps, enfin qu'elle soit un corps.

Car une masse de substance molle divisée en trois parties ayant pour appendices trois sens à l'avant et à l'arrière des filets nerveux porteurs de ses ordres, prenant part à la nourriture commune, est bien un corps organisé.

La réponse qui doit faire cesser cet étonnement sera bien simple :

Ce mécanisme, ce corps de la pensée qu'on va connaître en détail n'est point un caprice, une fantaisie, une invention, c'est un fait sensible, tangible, indéniable ; il n'y a donc pas à le discuter, mais seulement à en tirer la conclusion que voici :

« Il n'y a pas de corps sans esprit. Il n'y a pas d'esprit sans corps. » —

Et si, comme le fait est certain, le créateur a fait l'homme à son image, le créateur est à l'image de l'homme ; et son esprit est un corps, comme nous le démontrerons bientôt.

Pourquoi nommer Esprit ce qui serait un corps ? Il fallait bien distinguer deux parties de nature différente d'un même corps : la partie qui commandé de celle qui obéit ; la partie qui fonctionne spéculativement de celle qui fonctionne par mouvements répétés.

Le mot Esprit n'a aucune valeur dans le langage, en dehors de cette distinction ; on ne s'adresse jamais à l'esprit, et quand on le ferait au moyen de la prosopopée, on n'en a jamais obtenu de réponse que par des actions qui montrent le corps.

Il n'y a pas d'esprit sans corps.

Fonctionnement de la Pensée.

Premier centre de ses Opérations.

Le fonctionnement de la pensée commence par les sens, sentinelles dont la consigne, comme on vient de le voir, consiste à ne rien laisser passer de ce qui se peut voir, entendre ou sentir, sans en rendre à la pensée un compte fidèle, exact et complet.

Les trois sens n'ont pas autant de peine qu'on pourrait le croire à exécuter leur consigne : ils transportent simplement l'image réelle et complète des corps, actions et circonstances qu'ils ont vu, entendu ou senti, dans le premier centre des opérations de la pensée auquel ils sont attachés à titre de photographes, centre qui fixe cette image pour en conserver la mémoire et la communiquer aux deux autres centres d'opérations, qui en useront selon leur compétence.

Des faits d'expérience journalière vont aider à l'explication de ces phénomènes photographiques de la pensée.

Pour l'œil :

Les rayons du Soleil frappent un cours d'eau ; la fenêtre d'un appartement voisin se trouve à portée sous un angle convenable, et les rayons de lumière, brisés dans le corps vitreux du ruisseau, s'en échappent et portent au plafond une véritable photographie de l'eau courante avec toutes les rides de la surface, répétant les inégalités du fond en même temps que la photographie des rideaux brodés qui garniraient la fenêtre. Un vase plein d'eau convenablement placé peut suffire à cette expérience.

L'œil est un corps vitreux dont la mobilité offre toujours un angle convenable à la lumière qui le frappe pour porter dans la pensée qui la fixe, la photographie des corps et actions avec toutes leurs circonstances exactement comme fait le ruisseau.

Pour l'oreille :

Tout le monde a entendu l'écho reproduire jusqu'à cinq ou six vers chantés à haute voix : c'est une photographie due à quelques accidents de terrain, et l'oreille, préparée pour servir d'écho à tous les bruits, sons et cris ne saurait étonner personne par ses photographies de même nature qu'elle transporte dans la pensée qui les fixe et retient exactement comme fait l'écho.

Pour l'odorat :

Les corps voisins d'un corps odorant s'imprègnent de ses odeurs ou senteurs, et les conservent assez longtemps ; c'est encore une photographie qui explique celles que l'odorat fournit à la pensée.

L'œil donc, soit qu'il les cherche pour les besoins signalés par la pensée ou qu'il soit accidentellement frappé par eux, voit les corps, leurs actions et leurs circonstances ; et par un phénomène d'optique qui lui est propre, en transporte l'image fidèle, exacte et complète dans le premier centre des opérations de la pensée qui la fixe et conserve, ce qui constitue la mémoire.

Ce premier point n'a pas besoin de démonstration, c'est un fait d'expérience de tous les instants : vous avez vu un Lion dans votre jeunesse, vous le revoyez, à volonté, mentalement dans la vieillesse avec toutes les circonstances de la première rencontre.

L'oreille n'a point de rapports avec le corps principal, mais seulement avec ses bruits, sons et cris dont elle transporte la photographie spéciale qu'elle en sait faire de la même façon dans le même partie de la pensée où cette image est reçue dans les mêmes conditions.

C'est encore un fait d'expérience : Vous entendez un air oublié depuis longtemps, vous le reconnaissez aussitôt et devanceriez volontiers le chanteur; cet air avait donc été une première fois photographié dans votre pensée.

L'odorat, comme l'ouïe, n'a point de rapport avec les corps, mais seulement avec leurs odeurs ou senteurs, il les transporte de la même façon dans la même partie de la pensée où elles sont reçues dans les mêmes conditions.

Et toujours l'expérience confirme ce fait : Vous reconnaissez l'odeur d'une fleur sentie l'année précédente aussitôt que vous la présentez de nouveau à l'odorat.

C'est donc par trois photographies pour ainsi dire vivantes et entourées de tous leurs accessoires circonstanciés que les trois sens transportent dans la pensée les corps, leurs actions et circonstances ; leurs bruits, sons et cris ; leurs odeurs ou senteurs.

Peut-on rien de plus simple, de plus fidèle, de plus exact, de plus complet ; et peut-on mieux exécuter une consigne? Mais il n'est pas besoin d'insister sur la perfection des ouvrages du créateur.

Quoi qu'il en soit, il n'entre et ne peut entrer dans la pensée que les photographies dont nous venons de parler, c'est-à-dire l'image des corps sous toutes leurs formes et accidents.

Deuxième centre des opérations de la Pensée.

La Mémoire place sans peine les photographies ainsi obtenues et fixées à portée du centre d'opérations qui lui est contigu ; c'est la seconde partie de la pensée. Elle se compose de trois sens d'une grande analogie avec les trois premiers ; malgré leur invisibilité on peut, d'après leurs effets, les nommer : examen, observation, constatation. Ils examinent les corps ou actions qui leur sont présentés sous toutes leurs formes photographiques ; ils observent leurs différentes parties ; ils constatent leurs différentes actions et tous leurs accessoires.

Le but des opérations de ces premiers sens internes est de porter un jugement en première instance sur les avantages ou les inconvénients des corps ou actions soumis à leur appréciation par rapport à la vie dont ils font partie et qu'ils sont chargés de protéger.

Les résultats de ce jugement sont éventuellement de deux natures.

Si les corps et les actions examinés, observés, constatés, mettent immédiatement la vie en péril, immédiatement aussi et sans suivre la filière qu'on va bientôt connaître, la Pensée donne les ordres nécessaires pour conjurer le danger.

Quel est l'homme qui, voyant un Lion s'échapper de sa cage, s'arrêterait à examiner, observer, constater, et ne chercherait pas, sans autre réflexion, un refuge contre sa férocité? Le danger immédiat conjuré, cette deuxième partie de la pensée reprend le cours ordinaire de ses opérations.

Le cours ordinaire de ces opérations est, nous l'avons dit, une décision prise à loisir sur les dangers que présentent les corps soumis au jugement ou sur les avantages qu'on pourrait retirer de leur emploi ou possession.

Le résultat de ce jugement est de fixer, dans cette seconde partie de la pensée, un sentiment d'attraction, s'il est favorable au corps examiné, un sentiment de répulsion, s'il lui est défavorable.

Les sentiments d'attraction et de répulsion ne sont ici qu'indicatifs de la division des sentiments en deux natures opposées. Les sentiments prennent mille noms suivant les circonstances. Ils se nomment, dans un cas, amour, amitié, désir, etc., etc. Ils se nomment, dans l'autre, haine, vengeance, envie, etc. Il y a autant de nuances dans les sentiments que de corps soumis au jugement, mais il n'y a toujours que deux natures de sentiments.

Quoi qu'il en soit, le sentiment fixé au cerveau par le jugement est la base de toutes les autres opérations de la pensée ; il s'ajoute, comme une photographie nouvelle, à celles fournies par la mémoire pour être soumises ensemble à un nouveau jugement de la troisième partie de la pensée, suivi des moyens de donner satisfaction au sentiment définitif, résultat de ce jugement d'appel.

L'œil voit un lièvre courant, sa photographie est bientôt dans la pensée ; soumise au jugement, il est bientôt décidé, après examen, observation et constatation, que le lièvre ne peut être nuisible et qu'il pourrait être une nourriture agréable, et ce jugement fixe au cerveau le désir de s'emparer du lièvre, sentiment auquel les qualités appuyées sur le raisonnement devront donner satisfaction en fournissant les moyens de prendre le lièvre.

L'œil voit un tigre; après les mêmes opérations que pour le lièvre, il est bientôt décidé que cet animal est dangereux, et ce jugement fixe dans le deuxième centre des opérations de la pensée la volonté de le tuer.

L'impossibilité de nier ces deux sentiments, désir et volonté, provoqués par la vue de deux animaux différents, fait preuve suffisante de l'existence et de la portée de ce deuxième centre d'opérations.

Pourquoi, dira-on, soumettre à une révision les sentiments acquis par le premier jugement? Un exemple aura plutôt mis en évidence cette nécessité que tout autre mode de démonstration : un taureau sauvage a le regard féroce, des cornes menaçantes, une taille qui dénote une grande force. Cet animal, perçu, photographié et jugé dans les formes ordinaires sur ses apparences, laisse au cerveau un sentiment de crainte, de terreur même ; mais, en appel, le raisonnement va dire : le taureau ne mange que de l'herbe, il ne peut en vouloir à notre vie qui ne lui servirait à rien, ses cornes sont seulement défensives, et sa forte taille, loin de nuire, pourrait nous être utile. Après cette révision, le sentiment de terreur se change en un sentiment de désir de domestiquer le bœuf, et le troisième centre des opérations de la pensée donnera satisfaction à ce nouveau sentiment, en fournissant les moyens de domestiquer cet animal.

Les sentiments tiennent une large place dans le langage. Un nouveau chapitre sera nécessaire à leur examen détaillé.

Troisième centre des Opérations de la Pensée.

OBSERVATIONS PRÉLIMINAIRES.

Au commencement, l'homme était une bien faible créature au milieu de toutes celles qui l'environnaient, et il aurait bien vite disparu sous leurs attaques sans la perfectibilité de ses formes.

Le premier résultat de cette perfectibilité a été l'adjonction à sa main d'un bâton ; sous forme de massue, il pouvait tenir ses ennemis à distance et les assommer ; sous forme de levier, il devenait la force de l'homme sur les corps inertes et permettait de les déplacer et placer à volonté. Garni à son extrémité d'un silex bien fixé, le bâton donnait à l'homme le moyen d'attaquer le flanc de la montagne pour y creuser sa demeure. Il lui donnait encore sous cette même forme un instrument de la culture nourricière de l'homme.

Tel est le principe de toutes les formes artificielles ajoutées aux formes naturelles de l'homme et auquel elles ne font qu'un dans le langage.

De ce point infime, ces formes sont arrivées à l'emploi de la poudre, de la vapeur et de l'électricité qui sont des formes artificielles de l'homme, de ses bras dont elles remplacent la force dans ses luttes avec des ennemis quels qu'ils soient, de ses épaules dont elles portent les fardeaux ; de ses jambes, dont elles remplacent la locomotion et dont elles dépassent au-delà de toute imagination la vitesse pour transmettre l'expression de ses besoins. Voilà, sur ces trois points, un échantillon de la valeur des formes artificielles qui se multiplient à l'infini dans l'exercice de toutes les professions et de tous les métiers.

La pensée qui n'avait pour ainsi dire qu'une forme, la main, à laquelle elle pût commander, en a maintenant des centaines de mille, et le troisième centre des opérations de la pensée va nous faire connaître par quels moyens simples elle a pu atteindre ces résultats étonnants.

Si extraordinaires que ces résultats puissent paraître, ils ne sont rien en comparaison de ce que la pensée ait pu se compléter elle-même *par des corps* et se donner de nouveaux sens en nombre considérable.

Le vaisseau est arrivé en pleine mer, l'air et l'eau de toutes parts, *undique pontus aer undique*, point d'étoiles, point de moyens de s'orienter ; le navire reste sans direction, la pensée n'a pas l'instinct des oiseaux voyageurs, il lui manque un sens, elle le découvrira. . . Voici la boussole.

La boussole n'est point un outil, un instrument qui s'adapte à la main, elle est l'œil qui photographie pour ainsi dire dans la pensée la rive vers laquelle on tend ; sur ses indications, la pensée fait mettre sûrement le cap dans la direction de cette rive, et le navire arrive à destination.

La boussole est une seconde vue, elle est un sens comme tout ce qui détermine les commandements de la pensée.

Le télescope qui s'ajoute à l'œil comme forme artificielle est encore un sens, d'abord parce que la partie à laquelle il s'ajoute est un sens, ensuite parce que sans lui l'œil n'aurait jamais pu voir ce qu'il voit aujourd'hui ; c'est encore une seconde vue qui bientôt complétera ses merveilles.

Le fil à plomb, l'équerre, le niveau, le chronomètre, le thermomètre, le baromètre et une infinité de conceptions semblables déterminent les commandements de la pensée qui produisent les actions, caractère essentiel et distinctif des sens.

Dans tous les cas, un principe certain à l'égard du langage, c'est que les sens nouveaux ou les formes nouvelles font partie intégrante de la pensée ou de l'organisme qui les emploie, le tout considéré comme des corps par le langage.

Troisième centre des opérations de la Pensée.

SA COMPOSITION ET SON FONCTIONNEMENT.

Malgré l'immensité de sa tâche, ce centre d'activité de la pensée a la même simplicité que les deux premiers. Il se compose comme eux de trois sens invisibles que, d'après leurs effets, on peut nommer, expérience, raisonnement, calcul.

L'expérience et le calcul ne sont que des sens complémentaires du raisonnement, comme l'ouïe et l'odorat ne sont que des sens complémentaires de la vue, et nous ne parlons de l'expérience d'abord que pour marquer la part de son intervention dans les opérations du raisonnement.

L'expérience est un répertoire vivant de toutes les photographies du premier centre d'opérations de la pensée. Elle peut instantanément rapprocher les unes des autres toutes celles qui ont de l'analogie avec le sentiment auquel il s'agit de donner satisfaction, et cette faculté ne porte pas seulement sur les photographies de sa propre pensée, mais sur toutes celles transmises par le langage traducteur de toutes les pensées.

Ce rapprochement de toutes les photographies, de tous les sentiments qu'elles ont provoqué, de toutes les satisfactions qui leur ont été données, évitent un nouveau travail et servent de base au raisonnement dans la recherche des moyens de donner satisfaction au sentiment qui lui est soumis.

Le raisonnement rapproche les corps des actions dans leurs rapports avec le sentiment auquel il s'agit de donner satisfaction, et tire les conséquences de ces rapprochements. Il rapproche encore de ce sentiment les faits dénoncés par l'expérience dont l'analogie peut fournir des moyens déjà employés pour cette satisfaction et dont le nouvel emploi, modifié selon les circonstances, peut conduire au même résultat, et dans tous les cas il détermine quels moyens anciens ou nouveaux pourront donner cette satisfaction.

Dans un danger immédiat, l'expérience peut quelquefois déterminer seule un commandement de la pensée.

Si l'expérience est un sens préparatoire du raisonnement, le calcul en est un sens complémentaire par la précision qu'il fournit pour l'exécution des plans imaginés par le raisonnement qui reste ainsi le premier des trois sens par son rôle concentrateur du travail de tous.

La théorie abstraite, quoique simple, est souvent difficile à saisir; presque toujours un exemple la rend lumineuse quand elle est vraie.

1er Exemple.

C'est un lion qui a été saisi par les sens; ils en ont transmis l'image à la mémoire qui l'a fixé et transmis à son tour au jugement qui a déclaré l'animal dangereux, ce qui a imprimé dans la pensée un sentiment de crainte auquel le raisonnement doit donner satisfaction.

L'expérience rappelle les caravanes préservées des attaques du lion par les grands feux que leurs besoins ordinaires les obligeaient d'allumer.

Des rugissements se font entendre, le temps presse et l'expérience seule détermine la pensée à donner l'ordre d'allumer un grand feu.

Mais ce n'est qu'un moyen de circonstance et le raisonnement reprend bien vite ses droits pour une satisfaction plus complète du sentiment de crainte.

La force directe, même avec la massue et malgré l'exemple d'Hercule, a peu de chance de succès.

La fronde de David n'en a guère plus; il faut chercher d'autres armes, et les sièches s'écoulent, et le lion fait toujours des victimes.

2

Enfin, l'heure est venue, un remède contre la gale est préparé, il est composé de soufre et de salpêtre liés par du charbon, le tout réduit en poudre. Cette préparation, abandonnée sans précaution dans le cabinet du manipulateur, prend feu, tous les meubles qui garnissent la pièce volent en éclats, les murs mêmes sont lézardés. Quelle force!!!

Voilà un premier fait d'expérience sans portée d'abord. Mais pour la pensée le mot force est un mot magique; elle en a tant besoin contre ses ennemis et pour elle-même. Toutes ses facultés vont donc s'employer à tirer parti de cette force.

On renouvelle l'expérience sous mille formes avec de grandes précautions, et toujours on obtient les mêmes résultats. La préparation mise en contact avec l'étincelle s'enflamme avec une rapidité inconcevable et projette au loin tout ce qui veut la contenir. L'expérience est complète. C'est une force. Comment l'utiliser?

C'est l'affaire du raisonnement. A haute dose, cette préparation est indomptable; on peut l'employer à très-faible quantité d'abord. Toutes les forces ont besoin d'être contenues, emprisonnées, dirigées, pour être à la disposition de celui qui veut s'en servir. Ainsi conclut le raisonnement, et de là à trouver le tube qui enfermera un peu de poudre, il n'y a pas loin. On ne s'attend pas à trouver ici la suite du raisonnement qui a conduit à la fabrication du chassepot, des canons se chargeant par la culasse avec projectiles explosibles, à l'emploi des torpilles, etc., etc. Les faits sont là, et chacun peut en suivre les progrès pour la part qui en revient au raisonnement.

Le calcul doit avoir son tour. Il établira les proportions entre le but à atteindre, les effets à produire, la quantité de poudre à employer, et la force de résistance du tube qui doit l'emprisonner et diriger l'explosion.

Il a fallu plusieurs siècles, à partir du remède contre la gale, pour en arriver aux armes perfectionnées d'aujourd'hui, et chaque perfectionnement a demandé de nouvelles expériences, de nouveaux calculs, de nouveaux raisonnements.

Si bien qu'aujourd'hui l'homme n'a plus, parmi les animaux, d'ennemis qui puissent lui résister, et que toutes les productions dont la terre se couvre, naturellement ou artificiellement, restent sa propriété à si peu d'exceptions près, que ces exceptions confirment la règle.

Voilà l'immense extension que devait avoir la satisfaction à donner au sentiment de haine contre le lion, satisfaction qui deviendra commune à tous les sentiments de même nature, et malheureusement aussi à des sentiments de nature opposée. On tue un lion dans la crainte d'être mangé par lui, on tue un cerf pour le plaisir de le manger. Crainte et plaisir, sentiments contraires, trouvent leur satisfaction dans les mêmes moyens.

L'étendue de ce premier exemple permettra la brièveté pour les quelques exemples qui vont suivre.

2ᵉ Exemple.

Le couvercle d'une marmite en ébullition est projeté au loin sans cause apparente. Ce fait, photographié et transmis au jugement, fixe dans la pensée l'étonnement, sentiment qui demande pour satisfaction la découverte de la cause du fait, et le raisonnement trouve cette cause dans la production continue de la vapeur sous l'action d'une chaleur continue, dans l'incompressibilité du liquide en ébullition, dans la rigidité du vase hermétiquement clos, circonstances qui dénient l'espace nécessaire à la dilatation de la vapeur dont la force se fait place elle-même. La conclusion est que la vapeur est une force; la contenir, l'emprisonner, la diriger, c'est, comme pour la poudre, affaire d'expériences, raisonnements et calculs.

Ces faits paraissent aujourd'hui bien simples, et voyez pourtant : il y a deux mille et quelques cents ans, un Romain secouait les poutres de la maison de son voisin au moyen de la vapeur, et le fait en est resté là, c'est-à-dire sans application jusqu'à ces derniers temps. Le raisonnement dormait.

3ᵉ Exemple.

L'eau présente trois forces ayant le même principe. Elle porte les fardeaux pleins pourvu que leur poids soit inférieur à un kilogramme par décimètre cube, et ces fardeaux émergent d'autant que leur poids est inférieur à ce kilogramme. Elle porte les vases étanches et tout ce qu'ils peuvent contenir, pourvu que l'ensemble ne dépasse pas, en kilogrammes, le nombre de décimètres cubes d'eau que le vase peut déplacer, ce décimètre représentant le kilogramme. Elle rompt ou entraîne tous les obstacles d'une résistance inférieure au poids qu'elle a ou peut acquérir par son amoncellement qui est continu tant que le niveau le plus élevé de sa source n'est pas dépassé. Cette triple force, dont les grandes inondations donnent à chaque instant l'image, ne pouvait échapper à la vue, à la mémoire, au jugement, au raisonnement, en un mot à la pensée; aussi l'emploi de ces forces a-t-il précédé l'emploi de toutes les autres : Les trains de bois, les bateaux, les moulins en sont les premières applications.

4ᵉ Exemple.

Des troupes bivaquent en plein air, leurs grands feux entretenus nuit et jour sont abrités par des amoncellements de terre; ces terres renferment tantôt des sables, tantôt des glaises, tantôt des minerais de toute nature. Enfin le camp est levé et la place des feux laisse voir des sables grossièrement fondus; cependant ces espèces de lingots ont une transparence qui les fait remarquer. Ils passent par toutes les opérations de la pensée, et deviendront l'origine de la fabrication du verre perfectionné et de tous ses emplois, depuis les simples vitres jusqu'à ces merveilles appelées microscope et télescope.

Les glaises grossièrement cuites sont devenues dures comme la pierre; moulées à l'état souple, ce moyen de les solidifier par le feu deviendra par les opérations de la pensée, perception, mémoire, jugement et raisonnement, l'origine de l'art du potier, depuis la cruche jusqu'à l'amphore, jusqu'aux beaux vases de Sèvres.

Les minerais fondus comme le sable sont devenus aussi des lingots dont l'étude, par la pensée, créera toutes ces industries du fer et de l'acier avec toutes leurs merveilles, et de tous les autres métaux, sans oublier l'or et l'argent capables de donner satisfaction à tant de sentiments, et nous verrons bientôt à tant de sensations.

Maintenant que toutes ces découvertes sont acquises, appliquées, perfectionnées, chacun peut voir facilement les corps qui les ont provoqué; la photographie produite par eux dans la mémoire; le sentiment fixé au cerveau à leur égard par le jugement et les moyens employés par le raisonnement, assisté de l'expérience et du cacul pour arriver à la longue aux résultats que l'on connaît.

Toutes ces découvertes de l'homme ont pour origine des manifestations de la vie universelle ou générale dont il n'avait pas d'abord vu les conséquences et que *ses besoins causes de toutes ses actions*, lui font découvrir petit à petit.

Et la raison de cette marche des faits est bien simple. L'homme qui n'est pas créateur n'a pour tout moyen d'action que l'emploi des parties créées qui sont toujours à sa disposition; heureux quand il sait les reconnaître et qu'il peut se les approprier. Tous ces exercices de la pensée ont donné au cerveau de l'homme un grand développement et élargi la cavité qui le renferme, comme l'exercice des artisans développe et grossit leurs bras musculeux, ainsi qu'on peut le voir chez les maréchaux ou charrons.

C'est tout pour le mécanisme de la Pensée; mais qu'est-ce qu'un mécanisme s'il n'a pas un moteur. Nous avons vu le mécanisme de la vie constitutionnelle avoir pour âme ou grand ressort l'air, partie de la vie générale. Il nous faut faire connaître maintenant l'âme, le grand ressort de la pensée, comme nous ferons connaître ensuite l'âme ou grand ressort de la vie active; et enfin l'âme ou grand ressort de l'ensemble résumant les trois autres, et partant d'un point unique bien visible.

De l'Ame ou grand ressort de la Pensée.

OBSERVATIONS PRÉLIMINAIRES.

La terre n'a point de pensée; elle ne peut donc pas fournir le grand ressort de la pensée humaine, aucune de ses parties n'ayant d'homogénéité avec cette pensée.

La terre n'a qu'une vie constitutionnelle dans laquelle toutes ses productions ne peuvent trouver que ce qui tient à la partie constitutionnelle de leur vie, la matière active. Tandis que la pensée, matière inactive, commande sans jamais agir.

La vie constitutionnelle de la terre n'est point entière, elle n'est qu'une fraction de vie constitutionnelle planétaire, comme on pourrait dire des artères, du foie ou de la rate qu'ils ne sont point une vie constitutionnelle entière, mais chacun une faible partie de la vie constitutionnelle humaine.

La terre n'en est pas moins animée et dirigée par une pensée qui remplit vis-à-vis d'elle les fonctions que la pensée humaine remplit vis-à-vis de la vie constitutionnelle, qui sont de veiller à sa conservation et à la satisfaction de tous ses besoins.

On voit que la vie de la terre est doublement incomplète, d'abord parce qu'elle n'est qu'une fraction de vie constitutionnelle, ensuite parce qu'une vie constitutionnelle ne peut se suffire à elle-même, puisqu'il n'y a pas de corps sans esprit; on ne peut donc baser aucun raisonnement solide sur la vie de la terre et sur les productions qui s'y rattachent avant de l'avoir complété.

La terre fait partie d'un groupe de corps planétaires toujours emportés dans un mouvement d'ensemble autour d'un corps d'une nature spéciale qui fait leur centre commun ; leur nombre, que de nouvelles découvertes augmentent incessamment, n'est pas encore fixé. Ce sont ces corps planétaires, vivant de la même vie qui, chacun pour leur part, apportent leur concours au complément de vie constitutionnelle dont chacun d'eux, comme la terre, n'est qu'une partie petite ou grande.

Il n'a pas encore été donné à l'homme de déterminer la part de chacun de ces corps dans la vie sidérale dont ils font partie. Tout ce qu'il en sait, et c'est l'important, c'est que l'âme, le grand ressort de cette vie constitutionnelle qui, dans un mouvement perpétuel de rotation, maintient les corps qui la composent à même distance respective les uns des autres, et toujours à même portée de leur centre commun, est l'attraction, c'est-à-dire le mouvement et pour ainsi dire l'action.

Nous sommes bien près maintenant de découvrir le corps spécial ou l'Esprit qui dirige cette vie constitutionnelle, enfermé qu'il est dans le cercle des corps soumis ou attirés par son action, c'est-à-dire commandés par lui.

Si maintenant ce centre commun satisfait à toutes les conditions qui transformeront la vie constitutionnelle des corps dont la terre fait partie, en une vie complète, comme fait la pensée humaine à l'égard des autres parties de sa vie, nous aurons certainement trouvé le corps capable de fournir l'âme ou le grand ressort de la pensée humaine; nous aurons trouvé notre Créateur, celui avec lequel nous avons une grande ressemblance.

Une suite *infinie* de groupes de corps semblables au groupe dont nous parlons, constitués à l'image les uns des autres, emplissant l'espace *immense* de la succession de leurs mouvements *éternels* avec un centre commun qui dirige et surveille chacun d'eux, voilà l'idée exacte d'un Créateur *infini, immense, éternel,* qui ne se cache jamais; et la démonstration de ces faits qui constituent la vie à tous les degrés, n'offre qu'un embarras, sa trop grande simplicité qui ne donne prise à aucune exploitation.

Notre Créateur.

« La lumière ne se démontre pas, elle force tous les yeux à la reconnaître. »

Et c'est la lumière que nous avons à faire reconnaître comme Esprit, Pensée divine, Pouvoir créateur, comme complément de la vie dont nous n'avons vu que la partie constitutionnelle dans la terre et les autres planètes du même groupe qui entourent leur centre commun, dont nous n'avons vu que la partie active dans l'attraction, dont il nous faut voir maintenant la vie entière dans la constitution de l'esprit qui anime le tout. — Point de corps sans esprit.

Car nos planètes ne sont qu'un seul et même corps, avec leur centre générateur de lumière qui est la Pensée, la Direction de la Vie commune; comme la pensée humaine est la direction et la vie de toutes les parties du corps humain fait à l'image du grand corps.

Dans le triste état où l'enseignement réduit l'esprit humain, il est douteux, malgré le proverbe, qu'il suffise de présenter ainsi la lumière pour faire reconnaître ses qualités ; et nous allons être forcé de démontrer la lumière ou plutôt sa nature et sa valeur.

Il faut d'abord étudier les différentes parties de la lumière, ses différents moyens d'action, et enfin son mécanisme. Car la lumière, Pensée divine, a un corps, est un corps comme la Pensée humaine a un corps, comme elle est un corps. Car la lumière, Pensée divine, est un mécanisme comme la Pensée humaine est un mécanisme, autrement les deux vies ne seraient pas à l'image l'une de l'autre.

Serait-il permis à l'homme de le nier, d'en douter, de s'en étonner même, lui, qui par le seul fait d'une éclaboussure de lumière prêtée à sa pensée a pu accomplir des prodiges, non pas assurément de création, mais d'imitation de création auxquels son amour-propre serait bien près de décerner le prix, de donner la préférence.

Nous venons incidemment de faire connaître l'âme, le grand ressort de la Pensée humaine, une éclaboussure de lumière prêtée, comme un peu d'électricité prêtée fera le grand ressort de sa vie active, comme un peu de chaleur prêtée fera l'âme, le grand ressort de l'ensemble : Lumière, Chaleur, Electricité, sont la trinité *une* de la Pensée divine, comme elles le sont de la pensée humaine, ainsi qu'on va le voir.

Que les ténèbres arrivent et toutes les opérations de la pensée humaine sont suspendues ou tout au moins ne peuvent plus s'exercer que sur les photographies recueillies pendant le jour. — Qu'elles soient persistantes par l'absence de lumière, de chaleur et d'électricité, et tout finit pour l'homme :

> *Ferreus urget*
> *Summus in æternam clauduntur lumina noctem.*

Jetons un coup d'œil sur les prétendus prodiges, sur les quasi-créations de la pensée humaine.

L'homme ne pourrait-il pas penser que le sens qui lui fait voir en mer les rivages hors de portée est un sens supérieur à ses yeux si courts de vue ? Ne pourrait-il pas avoir la même présomption à l'égard du télescope et de tant d'autres sens de son invention supérieurs à ceux qu'il a reçu ? N'a-t-il pas d'ailleurs ajouté une quantité incroyable de formes artificielles à ses formes naturelles, et multiplié ainsi les moyens de commandement de sa pensée et les formes actives de son organisme ?

Tout cela est vrai ; mais supprimez la lumière qui est la vie universelle et la vie individuelle disparaît, ce qui ne laisse rien à dire de ses inventions qui n'ont d'effet que par la lumière, et par les éléments trouvés dans le corps dont elle émane comme l'aimant de la boussole et le verre du télescope qui font partie de la terre, corps consubstantiel, avec le corps principe de lumière qui est l'esprit du groupe sidéral dont elle fait partie ; comme toutes les parties du corps humain sont consubstantielles avec son esprit, qui est leur lumière de second ordre, mais enfin qui est leur lumière, c'est-à-dire leur vie et leur direction.

Nous voici revenus à la démonstration nécessaire en l'état où nous sommes du pouvoir de la lumière dont quelques mots vont démontrer l'étendue.

A la place de la lumière, de la chaleur et de l'électricité, procédant l'une de l'autre, laissez arriver les contraires : les ténèbres, le froid, la constriction procédant également l'un de l'autre, et tout est anéanti. — Ténèbres, froid et constriction, détruisent tout ce que lumière, chaleur, électricité, peuvent créer.

Les ténèbres, le froid, la constriction, existent par eux-mêmes, et sont une propriété de tous les corps dont n'approchent pas ou dont se retirent la lumière, la chaleur et l'électricité, ce qui fait des trois premiers une propriété négative.

On ne refusera pas la même valeur à la lumière, à la chaleur, à l'électricité, elles existent par elles-mêmes, avec cette différence qu'elles sont une puissance positive, puisque leur simple présence fait évanouir sans combat les ténèbres, le froid et la constriction dont elles empêchent l'effet destructeur.

Conclusion : la lumière, la chaleur, l'électricité, sont créateurs de tout ce que peuvent détruire les ténèbres, le froid et la constriction.

Voilà les bons et mauvais génies de la vie à tous les degrés.

Un petit examen des formes et du mécanisme de la lumière va rendre tout cela évident.

Du mécanisme de la Lumière.

La lumière est un corps élastique. Elle arrive sur les corps qu'elle doit éclairer avec une immense vitesse ; la rencontre occasionne un choc dont le rejaillissement produit une chaleur ascendante par l'impulsion donnée ; cette chaleur se répand dans l'atmosphère et lui donne une partie des qualités nécessaires au corps ainsi éclairé et échauffé.

Souvent des nuages ou autres obstacles ferment la voie à cette chaleur ascendante et arrêtent son expansion ; il en résulte un amoncellement de chaleur, deuxième état de la lumière, qui produit l'électricité, son troisième état. Bientôt la dilatation de l'électricité fera diparaître l'amoncellement de chaleur par ses explosions, ramènera la chaleur à ses proportions normales dans l'air tout en visant et atteignant un autre but qu'on va connaître.

La chaleur nécessaire est dans l'air. Qui lui donnera maintenant l'eau dont il a besoin ? Toujours la lumière ; par sa chaleur, elle vaporisera les océans, dont les vapeurs, sous l'influence des vents, traverseront les airs, les saturant de l'hydrogène nécessaire. Le surplus des vapeurs réunies, tombant par leur propre poids, emplira les réservoirs, alimentera les sources, formera les ruisseaux, les rivières et les fleuves, dont l'eau, par la pente, retourne à l'océan pour en sortir toujours de la même façon, ayant pour moteurs les vents, enfants des tempêtes, filles, elles-mêmes, d'énormes dilatations électriques. Il sort tous les jours des océans par les vapeurs, autant d'eau qu'il en entre par les fleuves.

L'électricité est donc le grand moteur atmosphérique, dont les exagérations calculées, produisent des troubles apparents, comme les cyclones, les bourrasques, les ouragans, les vents tempétueux, exagérations nécessaires pour produire effet sur d'aussi vastes étendues.

Où l'on comprend moins la valeur des exagérations électriques, c'est dans la vie humaine, quand elles produisent la colère, la fureur, la folie, ou même les songes et le magnétisme frère des songes.

Tels sont sur un point unique les effets de la lumière qui se généralisent sur toutes les parties de la vie. Supprimez la lumière, vous supprimez du même coup la chaleur et l'électricité ; c'est le règne des ténèbres et du froid, c'est la mort.

En l'absence complète de la lumière, l'eau solidifiée de fond en comble et partout, ne fait plus de la terre qu'un pain de glace, c'est-à-dire en examinant les détails supprimés n'en fait plus qu'un cadavre, et ainsi de toute la vie constitutionnelle planétaire, dont nous supposons le corps central, c'est-à-dire la pensée ou la lumière éteinte.

Nous n'avons heureusement aucun fait d'expérience possible d'un semblable cataclysme, mais nous avons une foule de faits accidentels qui démontrent ce principe certain :

« La puissance des ténèbres et du froid est en raison directe de la diminution de la lumière et de la chaleur. »

Les hautes montagnes sont couvertes de neige, même dans le voisinage de l'équateur. En voici la raison : la lumière, corps élastique, arrivant sur les sommets, n'y rencontre point de surface sur laquelle puissent se briser ses rayons, les pentes leur servent de conducteurs, et la lumière descend sans avoir produit de chaleur sur ces sommets inhabitables et privés à peu près de végétation.

La terre ne présente toujours ses deux extrémités, les pôles, que dans une position oblique par rapport aux rayons lumineux. C'est, par un autre moyen, le même effet que celui des pentes dont nous venons de parler. Il n'est pas besoin de rappeler la désolation des régions boréales et le peu d'activité de leurs productions.

Même dans ses belles parties, la terre décrit un cercle annuel qui la place, à certaines époques, dans une position oblique par rapport à la source de lumière.

Et toujours, que l'obliquité vienne des formes ou d'une position relative, elle supprime ou diminue la production de chaleur par la lumière, et donne aux ténèbres et au froid un pouvoir destructeur correspondant, total ou partiel.

Heureusement l'homme a su trouver une lumière et une chaleur artificielles pour les éclipses de lumière et de chaleur. Il n'a pas seulement trouvé des sens artificiels pour sa propre pensée, il n'a pas seulement trouvé des formes artificielles pour sa vie active, il supplée dans une certaine mesure la pensée universelle, la lumière, pour combattre les ténèbres et le froid. Ainsi se manifeste à tous les degrés la puissance de la lumière-chaleur et les prévisions du Créateur.

Notre ensemble de corps planétaires complet renferme donc en lui-même tous les moyens de création et tous les moyens de conservation, tant pour lui-même que pour ses productions. Ses productions sont pourvues chacune séparément de leurs moyens de reproduction. Si l'on ajoute que dans certaines conditions déterminées, les grands corps peuvent devenir lumineux par eux-mêmes, on aura le cercle sans fin de l'Être par lui-même, *Ens a se.*

Ce que nous venons de dire du Créateur était indispensable pour faire connaître le grand ressort, l'âme de la vie individuelle, notamment celui de la pensée, la lumière qui renferme tous les autres, et dont nous allons voir l'application dans le lien de la pensée avec la vie active, dans la vie active elle-même, et dans l'ensemble de la vie que le langage doit reproduire dans toutes ses parties.

La création, comme on a dû le remarquer, n'est pas seulement un fait instantané, mais un fait permanent illimité. Le Créateur reste en communication constante avec la créature, il lui fournit constamment l'air, la lumière, la chaleur, l'électricité. La moindre absence de cette intervention du Créateur est la mort qui trouve encore ses causes dans l'impossibilité de percevoir ces éléments nécessaires de la vie individuelle, impossibilité résultant, soit d'accidents, soit de l'usure des différentes parties de la vie solidaires entre elles.

De la Vie active.

Les opérations de la pensée sont, comme on l'a vu, simplement spéculatives, l'exécution seule fait leur valeur et la vie active en est l'exécuteur au moyen des trois parties qui la constituent : 1º les pieds et toutes leurs adhérences, moyens préparatoires de l'action ; si l'on veut boire, il faut d'abord aller à la source ; 2º les mains, toutes leurs adhérences, et toutes les formes du corps qui peuvent leur prêter concours pour l'exécution effective de l'action ; 3º les parties de la vie constitutionnelle ayant des portes ouvrant et fermant à l'extérieur, c'est-à-dire tous les sphincters. Quant à la vie constitutionnelle interne qui marche seule et mécaniquement par l'air, elle n'a pas d'ordres à recevoir de la pensée, elle n'accepte que ses services.

Faire connaître les moyens de communication de la pensée avec ces trois sortes d'exécuteurs, c'est faire connaître du même coup et la constitution de la vie active, et ses moyens de communication réciproque avec la pensée.

Ces moyens de communication sont déjà pressentis, mais il reste à faire connaître leur double but, leur corps et leur mécanisme.

A l'arrière de la boîte osseuse du crâne, entre la substance molle affectée au raisonnement et l'orifice qui joint le cerveau à la colonne vertébrale, se trouve un lobe de pareille substance qui fait le pendant des trois sens placés à l'avant. C'est cette substance qui centralise les filets nerveux exactement en contact avec l'opération finale de la pensée qui précède immédiatement l'exécution, opération qui appartient autant à la vie active qu'à la vie intellectuelle, et que, pour cette raison, nous avons réservé à celle-ci.

Toutes ses opérations épuisées, la pensée décide qu'elle sait tout ce qui concerne les corps et actions photographiés dans la mémoire, soumis au jugement qui a produit le sentiment pour lequel le raisonnement a trouvé satisfaction, et cette décision se nomme science ou conscience. Elle décide encore qu'elle possède les moyens de donner la satisfaction trouvée pour le sentiment, et cette décision se nomme puissance. Elle décide enfin qu'il y a opportunité d'employer actuellement ces moyens ou de les reculer, et cette décision se nomme volonté. Ces décisions sont le sentiment final triple dans son unité : *savoir, pouvoir* et *vouloir*, sans lequel aucune action ne sera ni commandée ni exécutée.

A partir de la constatation de ces trois conditions remplies, les filets nerveux en contact immédiat avec la pensée par l'extrémité supérieure, en contact immédiat aussi avec toutes les parties de l'organisme dans leurs divisions infinies, entrent en fonctions et font exécuter par l'organisme toutes les combinaisons arrêtées dans la pensée pour donner satisfaction au sentiment, et cela avec une précision de détail que leur division infinie peut seule expliquer, que peut seul expliquer encore leur moteur, qui est l'électricité nerveuse.

Les formes auxquelles commande la pensée pourraient être maladroites ou inexactes. Elle ne quittera aucun de leurs mouvements qu'elles n'aient accompli leur mission; à l'œil incombe ce nouveau travail plus considérable que le premier. Il est le centre de réception du prêt de lumière fait à la pensée, son âme, son grand ressort, comme on l'a vu. — L'ordre de marcher dans un chemin semé de précipices ne peut s'exécuter si l'œil ne guide le marcheur. Comment, sans cette lumière réfléchie, donner aux formes artificielles les contours dont elles ont besoin pour s'adapter à la main et en même temps au corps sur lequel elles doivent agir? Comment écrire si l'œil n'éclaire la main qui trace les caractères et n'en suit tous les mouvements? Ici, comme partout, ressemblance du créateur avec la créature. Le créateur ne peut quitter une minute la créature sans la voir disparaître; la Pensée ne peut quitter une minute ses conceptions sans les voir inexécutées.

Au moyen de ces courtes explications, chacun pourra se rendre compte des combinaisons de la pensée pour l'emploi tant des formes naturelles que des formes artificielles de son invention qui doivent produire les actions.

Une faux bien préparée, bien emmanchée, entre les mains d'un bon faucheur qui la manœuvre dans un pré, montre d'une façon bien nette l'unité de la forme artificielle avec la forme naturelle. Sans la faux, la Pensée ne pourrait donner l'ordre de faucher. C'est ainsi que les formes artificielles ont élargi le cercle des commandements de la pensée. Réduit aux formes naturelles, le commandement de la pensée serait peu de chose et le langage rien, puisque les cris suffiraient à l'homme isolé dans sa seule force, comme ils suffisent aux autres animaux.

Des Sensations.

Les sensations de la vie active résident tout entières dans le toucher : Toucher général qui occupe toutes les surfaces du corps soumises à l'action de la pensée, et touchers spéciaux dont nous indiquerons que le goût, qui se trouve sur le pourtour et au centre de la langue, au palais et dans l'arrière-bouche.

Porter les ordres de la pensée n'était que le petit côté du centre des filets nerveux électriques, car ils n'auraient pas de raison d'être, c'est-à-dire pas d'ordres à porter sans les sensations qui seules provoquent toutes les opérations de la pensée dont nous venons de faire la longue nomenclature. — J'ai faim, est une sensation. Ce seul mot faim est l'origine, le stimulant de toutes les découvertes de la pensée sur la culture des plantes alimentaires, sur la domestication de tous les animaux de cuisine, sur les moyens de s'emparer du poisson et du gibier, etc., etc. Que de formes artificielles il a fallu inventer pour suffire à tant de besoins. La terre entière est constamment mise à contribution dans ses productions de toutes sortes par ce seul mot : J'ai faim. Que sera-ce de toutes les sensations? Le froid demande du bois ou du charbon; les ténèbres demandent la lumière, et la pensée répond à tout.

C'est que si la pensée manquait à cet appel, elle serait la première victime. — Centre de la vie individuelle, elle en a seule toutes les joies et toutes les douleurs. Ses efforts tendent donc tous à procurer les unes, à éviter les autres par les moyens que nous avons fait connaître.

Je souffre de ma blessure, je suis malade, voilà un autre genre de sensations auxquelles la Pensée devra fournir les moyens de guérison. Aussi, que de recherches pour perfectionner la médecine, la chirurgie surtout, si féconde en beaux résultats!

Et ainsi de toutes les sensations. — Non satisfaites, elles mettent souvent la vie en péril, non pas seulement dans les parties qui les éprouvent, mais dans l'ensemble, dont toutes les parties sont solidaires : l'une manquant, toutes les autres finissent.

Les sensations commencent toujours par être l'expression d'un besoin, par l'indication que l'organisme manque d'une chose nécessaire ou utile. — J'ai faim, veut dire : je n'ai pas d'aliments; j'ai soif, veut dire : je n'ai pas de boisson; je suis blessé ou je suis malade : je n'ai pas la libre disposition de mes mouvements; je m'ennuie : je n'ai pas la vue de mon pays natal ou de personnes qui me sont chères.

Au moyen des satisfactions données au sentiment par le raisonnement, la pensée a procuré ce que les sensations ont signalé comme manquant à l'organisme : — un bon repas et des mets succulents à celui qui a faim; des vins généreux à celui qui a soif; la guérison au blessé; le retour au pays natal à celui qui s'ennuie. Et voilà les sensations, toujours douloureuses dans leur principe, passées à l'état joyeux, qui se mettent de nouveau en communication avec la Pensée pour lui porter par les mêmes filets nerveux qui avaient exprimé les besoins, l'expression de leur satisfaction, qui est la joie de la pensée, comme leur douleur est sa douleur.

Les sensations ont encore un troisième état : l'attente, l'espérance, qui procure une satisfaction anticipée avec les joies de la réalité ou les déceptions après l'insuccès des moyens de satisfaction.

Ces courtes explications sur les sensations sont suffisantes pour en faire connaître la nature et la valeur. Confondra-t-on encore les sens et les sensations? Dira-t-on toujours que nous avons cinq sens? Il faudrait dire que nous en avons six, car si on spécialise le goût, pourquoi ne spécialiserait-on pas l'*autre*? Non, nous avons trois sens et des sensations générales illimitées; pour les confondre, il faudrait ne pas voir les sensations demander toujours et les sens donner sans cesse; il faudrait ne pas voir l'énorme différence qui existe entre leur nature et leur emploi; il faudrait ne pas voir enfin que ce sont les deux extrémités opposées de la pensée en fait et en résultat.

Voilà bien toutes les bases des principes du langage. Nous allons dégager ces principes de tout ce que nous venons de dire, et, mis en relief, ils fourniront la preuve de tout ce que nous avons dit.

Ici s'arrête la généralité des principes applicables à toutes les langues. Nous allons maintenant les spécialiser dans leur application à la langue française. Mais les points de contact entre toutes les langues sont nombreux et d'un rapprochement facile; les autres langues pourront donc toujours y trouver de nombreuses applications.

Des principes du Langage.

Voici maintenant notre tâche : Montrer comment le langage, traducteur de la vie sous toutes ses formes et à tous les degrés, pourra la faire connaître et la présenter dans tous les cas où elle peut se trouver et dans toutes les conditions où elle peut se rencontrer.

Le langage devra donc prendre toutes les formes de la vie elle-même. La trinité de la vie devra se retrouver dans la trinité du langage; l'unité de la vie devra revivre dans l'unité du langage; le mécanisme de la vie devra toujours se rencontrer avec le mécanisme du langage; en un mot, le langage entier devra être la photographie de la vie entière.

Il n'en saurait être autrement : Le langage est la somme complète de toutes les connaissances humaines actuellement acquises; à chaque découverte d'un corps ou d'une science, il s'enrichit de tous les mots nécessaires à la constitution de ce corps, à la constatation de cette science, de manière que ce qui ne se trouve pas dans le langage n'a jamais pénétré dans la pensée humaine.

Si le langage tel que nous allons l'expliquer faisait défaut à une seule de ces conditions, nous avouerions notre ignorance, nous ferions seulement observer que notre ignorance serait celle de l'humanité tout entière, car nous ne dirons pas un seul mot du langage qui ne soit consacré par elle. Le langage est son ouvrage, il est celui de monsieur tout le monde, dont la supériorité sur l'individualité n'est pas contestable.

Le langage donc porte en lui-même depuis son origine la tradition inaltérable de tout ce que l'homme a pu voir, entendre, sentir et faire, c'està-dire penser et exécuter; et nous pouvons en toute confiance invoquer tant sur les principes déjà posés que sur les preuves à tirer de la concordance du langage avec ces principes, le témoignage de toutes les générations disparues depuis l'origine du langage qu'elles ont créé, aussi bien que celui des milliards de créatures parlantes qui l'ont adopté et enrichi chaque jour.

Déclarer qu'on nous refuse son témoignage, c'est ne rien dire, c'est même faire une fausse déclaration. Pour la rendre vraie, il faudrait changer la constitution humaine et en tirer un nouveau langage. Mais continuer à penser et parler comme nous, par les mêmes moyens, c'est nous donner son témoignage conscient ou inconscient.

Laissons donc parler les faits et l'humanité entière, et le créateur se fera connaître par surcroît.

De la composition des Mots.

Au commencement, l'homme n'avait que cinq cris représentés aujourd'hui, dans le langage écrit, par les signes tracés ou lettres phoniques : *a, e, i* ou *y, o, u.*

On nomme cri une émission de la voix partant directement de cet organe et traversant toute la bouche sans modification jusqu'à la sortie des lèvres.

Le besoin du langage s'étant fait sentir à l'homme, à mesure du perfectionnement de ses formes naturelles par les formes artificielles, il a su ajouter à ses cris un véritable instrument pour les arrêter, en les modifiant, dans leur trajet à travers la bouche, de manière à leur donner une signification plus accentuée que celle des cris qui lui suffisaient jusque là.

Cet instrument est la bouche elle-même, dont chaque partie concourt à la modification des cris pour en faire des sons.

Ce résultat s'obtient par les mouvements calculés du gosier, des fosses nasales, des dents et des lèvres, en un mot de toutes les parties de la bouche, de la langue surtout, qui donne son nom au résultat de toutes ces combinaisons : le langage.

Pour produire sur les cris les combinaisons nécessaires à la composition du langage, on compte dix-neuf mouvements de la bouche dans ses différentes parties ; mouvements notés dans le langage écrit par dix-neuf signes tracés ou lettres aphoniques.

Les cris et leurs modificateurs combinés donnent les sons ; les cris conservés en nature, combinés avec les sons, donnent les mots ; ces mots combinés entre eux donnent les phrases ; les phrases combinées entre elles donnent le langage ou discours.

Les dix-neuf signes modificateurs des cris sont : *b, c, d, f, g, h, j, k, l, m, n, p, q, r, s, t, v, x, z.*

Voici, par un exemple, l'idée exacte du mécanisme de la voix :

L'anche d'une clarinette séparée de son instrument ne donne que de véritables cris ; rapprochée de l'instrument, on en obtient des sons par les mouvements des doigts, modificateurs des cris de l'anche pendant le trajet de l'air vibrant dans la longueur du tube préparé pour ces modifications.

Ainsi fait-on avec la bouche, instrument rapproché des cris.

Au-dessus de la trachée-artère, à l'entrée de l'air dans la poitrine, se trouve un muscle contractile en forme de maille de filet qui imprime à volonté à l'air entrant ou sortant les vibrations qui constituent les cris : c'est l'anche de la voix humaine dont la bouche est l'instrument modificateur qui donne les sons.

Cris et sons, voilà de quoi composer tout le langage parlé.

Lettres phoniques et aphoniques, voilà de quoi composer tout le langage écrit.

Le langage écrit est postérieur au langage parlé ; il est lettre pour cri ou lettres pour son la traduction minutieuse du langage parlé. Le langage parlé s'adresse à l'oreille, le langage écrit s'adresse aux yeux ; c'est leur seule différence, avec des avantages inhérents à la nature de chacun d'eux. L'un a la rapidité nécessaire aux actes usuels de la vie, l'autre a la fixité nécessaire à la conservation traditionnelle de ces actes.

De la Trinité du Langage.

Le langage se compose de parties trinitaires indivisibles d'une valeur égale entre elles, puisque l'une ne peut exister sans les deux autres, ce qui est le caractère essentiel de toute trinité.

Comme conséquence de cette indivisibilité, il est impossible d'expliquer l'une des trois parties sans faire intervenir incidemment les deux autres ensemble ou séparément.

Le titre du chapitre relatif à la partie dont on parle indique assez qu'elle doit principalement attirer l'attention.

Première partie de la Trinité du Langage.

LA DÉSIGNATION.

La première partie du langage traducteur de la vie est nécessairement en rapport avec la première partie de la pensée, qu'on sait être la mémoire aidée par les sens. Le langage a donc pour première mission de reproduire exactement les photographies de la pensée, puis les sensations de l'organisme qui arrivent à la pensée par les filets nerveux sans photographies, puisque sous ce rapport tout se passe intérieurement. Cette reproduction se fait par le nom, mot unique du langage autour duquel viennent graviter les deux autres, ce qui est la désignation complétée par tous, unité dans la trinité.

Seconde partie de la Trinité du Langage.

La seconde partie de la trinité du langage traducteur de la pensée est nécessairement en rapport avec la seconde partie de la pensée, qu'on sait être le jugement complété par le sentiment. Pour porter un jugement sur un corps, il faut avant tout connaître les cas dans lesquels il se trouve. — Vous avez à porter un jugement sur un lion : il s'avance dans la plaine. Le jugement se formule par : le danger est imminent, et le sentiment se formule par : il y a tout à craindre ; et ce qui détermine ce jugement danger et ce sentiment crainte, c'est le cas nommé ablatif « dans la plaine. » Mais le lion enfermé *dans une cage* de fer ne provoquera plus le même jugement, qui se formulera ici par la sécurité quand le sentiment portera sur l'étude que dans cette position on peut faire de ses diverses parties, et c'est encore l'ablatif *dans une cage* qui détermine les changements d'appréciation signalés.

Le rôle de cette seconde partie du langage est de présenter la désignation dans tous les cas où elle peut se trouver.

Troisième partie de la Trinité du Langage.

LA CONJUGAISON.

La troisième partie de la trinité du langage traducteur de la pensée est nécessairement en rapport avec la troisième partie de la pensée qu'on sait être le raisonnement complété par le commandement suivi des actions.

Si pour les juger il faut connaître les cas dans lesquels se trouvent les corps, pour les commander il faut connaître les conditions dans lesquelles ils se rencontrent.

Vous ne pourriez pas commander à un homme qui n'a point de faux d'aller faucher, il lui manquerait la condition nécessaire : d'avoir une faux. Il ne pourrait pas faucher à l'instant un pré dont l'herbe ne serait pas mûre : le raisonnement demande cette condition nécessaire pour commander le fauchage.

Le rôle de cette troisième partie du langage est donc de présenter les corps et les actions dans toutes les conditions où ils peuvent se rencontrer.

Nous allons, dans trois chapitres successifs, montrer comment la désignation ou le nom, la déclinaison et la conjugaison pourront s'acquitter des rôles que nous leur avons assigné dans la trinité du langage.

De la Désignation ou du Nom.

La désignation se fait par le nom.— On a vu la simplicité avec laquelle les sens transportent dans la pensée la photographie des corps. Le moyen employé par le langage pour reproduire ces photographies n'est pas moins simple, avec la même exactitude et la même perfection.

Le nom est un mot convenu entre tous les individus de la société humaine pour désigner un corps connu des interlocuteurs ou ses actions. Peu importe la forme du mot choisi pour faire cette désignation ; la convention seule fait la valeur du nom, quel qu'il soit : Alopex, chez les Grecs, Vulpès, chez les Latins, Renard, chez les Français, désignent le même animal. La différence dans la convention suivant les langues ne change point les effets. Les effets du nom sont de rappeler immédiatement à la pensée l'image des corps ou actions qui se trouvent déjà dans ses archives, c'est-à-dire qu'elle a déjà photographiés. Sans cette condition nécessaire, les mots, quels qu'ils soient, n'ont aucune action sur la pensée.

Ce moyen si simple de faire la désignation par le nom n'aurait pas besoin de grandes explications si tous les noms partant d'un même point tendaient au même but ; mais l'énorme diversité du point de départ et du but fait cesser, nous ne dirons pas la simplicité du nom qui ne peut varier dans la valeur qu'il tire de la convention, nous dirons seulement fait cesser l'évidence qui s'impose d'elle-même dans tout ce que nous avons déjà dit.

Ici commence la nécessité d'une démonstration qui dira l'origine de chaque nom, sa nature, sa valeur et son emploi.

Connaître l'origine de chaque nom, c'est savoir s'il appartient à la vie constitutionnelle interne, s'il appartient à la vie accidentelle pensive, s'il appartient à la vie active organique.

Connaître la nature du nom, c'est connaître la nature des parties de la vie constitutionnelle, c'est connaître la nature des parties de la pensée, c'est connnaître la nature des parties de la vie active désignées par lui.

Connaître la valeur du nom, c'est connaître les effets qu'il doit provoquer sur les différentes parties de la vie qui commence toujours par une sensation non satisfaite ou par un besoin.

Le nouveau né entre dans la vie avec un besoin ; aussitôt il cherche le corps qui doit le satisfaire : ce corps est le sein de sa mère. Il le trouve, y puise la satisfaction de son besoin et, repu, s'endort dans son bonheur. Voilà la vie, voilà sa marche.

Donc, le besoin provoque la recherche des corps qui doivent le satisfaire. Les corps provoquent les sens par leur présence, par leurs bruits, sons et cris, par leurs odeurs; les sens provoquent la mémoire par les photographies de ces corps qu'ils lui présentent et qu'elle conserve ; la mémoire provoque le jugement auquel elle présente ces photographies pour qu'il donne son appréciation sur elles; le jugement provoque le sentiment conséquence de son appréciation; le sentiment provoque les qualités auxquelles il demande satisfaction; les qualités provoquent le raisonnement auquel elles demandent les moyens à employer pour cette satisfaction; appuyées sur le raisonnement, les qualités provoquent la triple condition nécessaire pour le commandement, science ou conscience, puissance et volonté; et le seul fait de l'existence de cette triple condition constitue le commandement. Le commandement provoque l'action et l'action provoque le résultat qui est la satisfaction du besoin par la satisfaction du sentiment.

Ainsi la vie commence par les sensations ou besoins à satisfaire, et finit dans chaque circonstance par les besoins ou sensations satisfaits.

La possibilité de satisfaire les sensations ou les besoins constitue le bonheur; l'impossibilité de satisfaire les sensations ou les besoins constitue le malheur.

Voilà, dans cette seule phrase sur la valeur du nom, toute la vie, tout le langage, et toutes les preuves de la vérité de notre système. Car si, rapprochant tous les mots du langage de toutes les catégories de nom que nous venons d'analyser, il ne s'en trouve pas un seul qui ne soit employé et n'ait sa juste application à l'une d'elles, que deviendrait toute autre théorie qui ne trouverait pas un mot pour s'appuyer et mieux qui ne trouverait pas un mot qui ne soit l'antithèse de sa véritable valeur.

Prenons un exemple : vous voulez connaître la valeur du mot sécurité — vous pouvez dire : j'ai besoin de sécurité; la sécurité est donc un besoin, elle est une sensation non satisfaite, puisqu'elle est un besoin. Les fonctions successives de la pensée ont concouru à la satisfaction de ce besoin et vous avez creusé une grotte dont l'entrée solidement close vous a mis à l'abri des attaques que vous pouviez craindre, et la sensation non satisfaite : le besoin, est devenue une sensation satisfaite : le bonheur.

Nous ne pouvons ici multiplier les exemples, celui-ci suffira, nous l'espérons, pour démontrer la facilité avec laquelle nous ferons connaître la valeur de tous les mots du langage, la facilité avec laquelle nous ferons un dictionnaire véritable.

Qu'est-ce qu'un dictionnaire maintenant? C'est, paraphrasant une allégorie bien connue : la folie qui crève les yeux du langage avec la prétention de lui servir de guide.

Nous allons rendre la vue au langage, et quand nous aurons fait connaître la déclinaison et la conjugaison, le dictionnaire se fera seul, c'est-à-dire que les mots feront connaître la valeur les uns des autres. Si par exemple le jugement provoque un sentiment, quand on a la crainte on sait qu'elle vient d'un danger, et la valeur de ces deux mots se fait connaître seule : Danger-jugement et crainte-sentiment. Mais ce serait peut-être encore trop difficile pour ceux qui veulent que l'on pense pour eux, et nous aurons un criterium spécial pour faire connaître la valeur de chaque mot.

Quant à connaître l'emploi des mots, c'est affaire de grammaire, non pas telle qu'elle s'est présentée jusqu'ici, absolument comme le dictionnaire, mais de la qualité grammaire formée sur les bases déjà connues et que nous allons compléter. La fin de ce chapitre viendra après la déclinaison et la conjugaison.

De la Déclinaison.

L'incroyable omission de la deuxième partie de la trinité du langage, de la déclinaison, dans l'enseignement de la langue française ne nous permet pas une théorie qui se bornerait à constater des différences. Il nous faut constituer la déclinaison en entier.

Mettre en vue ce premier mécanisme du Nom, le faire fonctionner et le démontrer ensuite, telle est la marche qui nous permettra la brièveté.

Vue du mécanisme de la déclinaison :

Nominatif.	L'homme.	La force.	Le cheval.	Les courses.
Génitif...	De l'homme.	De la force.	Du cheval.	Des courses.
Datif....	A l'homme.	A la force.	Au cheval.	Aux courses.
Accusatif..	L'homme.	La force.	Le cheval.	Les courses.
Vocatif...	O homme.	O force.	O cheval.	O courses.
Ablatif...	De ou par l'homme.	De ou par la force.	De ou par le cheval.	De ou par les courses.

La Déclinaison a deux parties, l'une qui reste la même à tous les cas, et l'autre qui forme un radical pour être appliqué aux génitif, datif et ablatif de tous les mots déclinables, ce qui multiplie indéfiniment les moyens de déclinaison.

Vue de cette variété du mécanisme :

Nominatif.	Un loup.	Deux chiens.	Ma langue.	Ces courses.
Génitif...	D'un loup.	De deux chiens.	De ma langue.	De ces courses.
Datif....	A un loup.	A deux chiens.	A ma langue.	A ces courses.
Accusatif..	Un loup.	Deux chiens.	Ma langue.	Ces courses.
Vocatif...	O loup.	O deux chiens.	O ma langue.	O ces courses.
Ablatif...	De ou par un loup.	De ou par deux chiens.	De ou par ma langue.	De ou par ces courses.

Les régimes des verbes français n'ont pas besoin d'être distingués des nominatifs, toujours placés avant le verbe, comme les régimes sont toujours placés après le verbe, leur distinction naturelle résulterait donc de leur position ; mais il y a des exceptions de régimes placés avant le verbe, et pour ces exceptions on a établi, dans les mots déclinables, une catégorie spéciale de régimes antécédents.

Vue du mécanisme de mots déclinables où se trouvent des régimes antécédents :

Nom.	Moi ou je.	Toi ou tu.	Soi ou se.	Lui ou il.	Qui.	Eux.	Ce.
Gén..	De moi.	De toi.	De soi.	De lui.	De qui ou dont.	D'eux.	De ce ou en.
Dat.	A moi ou me	A toi ou te.	A soi ou se.	A lui.	A qui.	A eux ou leur.	A ce.
Acc..	Moi ou me.	Toi ou te.	Soi ou se.	Lui ou le.	Qui ou que.	Eux.	Ce.
Voc..	O moi.	O toi.	O soi.	O lui.	O qui.	O eux.	O ce.
Abl..	Par moi.	Par toi.	Par soi.	Par lui.	Par qui.	Par eux.	Par ce.

me, te, se, que, le, sont des accusatifs spéciaux, ils ne peuvent être placés qu'avant le verbe. Dont et en sont des génitifs ; dans les mêmes conditions, leur est aussi un datif antécédent, tous chargés de fournir l'accord entre eux et le mot auquel ils se rapportent.

Faisons voir de suite l'usage des régimes antécédents : ils sont préparés expressément pour montrer que le mot auquel ils se rapportent est le régime du verbe ; c'est donc avec le régime antécédent seul que le vrai régime doit faire accord. Exemple : « L'homme dont je tiens la place, » montre cet accord au génitif : « je tiens la place de l'homme » Tout autre accord que celui du régime vrai avec le régime antécédent est idiotisme ou folie. Exemple : J'ai mangé une pomme, ou j'ai été mangeant une pomme, présente une identité incontestable.

La pomme que j'ai mangée, ou la pomme que j'ai été mangeante présente la même identité.

Voilà où conduit ce qu'on appelle l'accord des participes.

Ils nous font manger par les pommes et voir par les arbres que l'on a
vus ou que l'on a été *voyants*.

Pas un de ces accords ne résistera à l'épreuve, ils donneront toujours le
passif pour l'actif.

Homo quem vidi. Vidi hominem. Quem est l'accusatif de *qui* en latin,
comme *que* est l'accusatif de *qui* en français, par changement de terminaison.

L'idiotisme de l'accord est-il assez évident ?

Emploi du mécanisme de la déclinaison :

L'homme dirige le cheval.

La main de l'homme dirige le cheval.

Le cheval donne sa force à l'homme.

Le cheval soulage l'homme dans ses travaux.

O homme heureux d'avoir rencontré le cheval.

Par la direction de l'homme } le cheval fait vingt lieues par jour.
Dirigé par l'homme {

Ces tableaux bien incomplets suffiront cependant pour expliquer la déclinaison.

Les six cas qu'elle paraît comporter se réduisent à trois, car tout dans
la vie comme dans le langage procède d'une trinité. On voit, en effet, que
pour commander l'action, la main de l'homme a la même valeur que
l'homme; on voit encore que la soumission de l'homme à l'action indirecte
a la même valeur que sa soumission à l'action directe. Enfin l'appel à
l'examen des moyens ou résultats de l'action se confond bien avec cet
examen et nous avons : 1° nominatif et génitif; 2° datif et accusatif; 3° vocatif et ablatif.

Le nominatif s'applique à l'ensemble des corps, le génitif s'applique à
l'une de leurs parties, et comme il est de principe qu'une partie de la vie
a la même valeur que l'entier, le génitif joue dans la phrase le même
rôle que le nominatif avec lequel il est consubstantiel.

L'intelligence de l'homme, la légèreté de la danse, sont des génitifs qui
peuvent commander la phrase aussi bien et plus caractéristiquement que
l'homme et la danse eux-mêmes; le génitif des noms est donc la partie
d'un tout et possède la même valeur de commandement que l'entier.

Sans changer de relation entre eux et sans changer de valeur, le nominatif et le génitif peuvent changer de position, et, de commandants qu'ils
étaient, devenir soumis à l'action de la phrase par un effet de la conjugaison, chargée de présenter le nom dans toutes les conditions où il peut
se rencontrer. Ce changement de position devient une condition, il se
nomme régime des verbes et se traduit par le datif et l'accusatif, dont on
ne peut faire ressortir les effets qu'après avoir fait connaître la conjugaison.

L'homme dirige le cheval et le cheval soulage l'homme, voilà les différences de condition.

Le vocatif n'a qu'un rôle bien restreint, c'est d'appeler l'attention sur
tout et à propos de tout.

Tout autre est l'ablatif, le plus général de tous les cas; il s'attache à tous
les corps et à toutes les actions, par la raison que tous les corps sont des
causes dont il constate les effets, et que toutes les actions sont des moyens
dont il constate les résultats, résultats qui doivent être la satisfaction des
besoins, comme les actions sont la satisfaction du sentiment.

Aussi tous les autres cas se contentent d'une formule de déclinaison limitée, tandis que l'ablatif met à contribution tous les mots qui ne sont pas
la désignation ou la conjugaison, et quand dans les modèles de déclinaison
nous faisons figurer seulement de ou par, ce n'est qu'une indication et
non une limite pour déterminer l'ablatif.

Reconnaître un oiseau à son plumage; le tuer avec un fusil; le rapporter
dans sa main. — Le plumage est un *moyen* de reconnaître; le fusil un
moyen de tuer; la main un *moyen* de rapporter; et ce qui marque le moyen
est un ablatif comme ce qui marque les résultats ou le but.

Nous n'avons pu terminer le chapitre de la désignation, nous ne pouvons
davantage terminer la déclinaison; la trinité du langage exige l'avancement parallèle de ses trois parties, et le complément se trouvera dans
l'examen des vrais principes du Dictionnaire.

Du Verbe en général.

Le verbe n'a, par lui-même, absolument aucune valeur comme désignation ; il est une simple formule pour présenter la désignation dans toutes les conditions où elle peut se rencontrer.

Le moyen pour le verbe de faire cette présentation est d'abord d'être constamment accompagné du corps ou de l'action, soit séparément, soit intrinsèquement ; exemple : *« faire une marche, ou marcher. »* Dans faire une marche, l'accompagnement est séparé ; dans marcher, la marche accompagne intrinsèquement la formule du verbe.

Mais cette faculté de comprendre intrinsèquement la désignation dans la formule du verbe n'existe que pour les actions.

Toutes les formules de verbes chargées de présenter les corps dans toutes les conditions où ils peuvent se rencontrer doivent toujours être accompagnées de la désignation de ces corps comme complément.

La formule des verbes est bien connue, il ne nous reste qu'à faire connaître sa valeur.

La valeur des différentes parties du verbe ne peut être que la valeur des formes des différentes parties de la pensée auxquelles elles correspondent exactement.

La première partie de la pensée est dans son ensemble, la mémoire, c'est-à-dire la conservation de la photographie des corps et le rang dans lequel ils se sont présentés les uns plus tôt, les autres plus tard, les autres, enfin, actuellement ou simultanément.

La première partie du verbe doit donc être, avec la photographie ou désignation qui l'accompagne, la reproduction exacte de l'ordre des temps dans lequel les corps et actions se sont présentés à la pensée.

La pensée ne photographie pas la vertu, mais elle photographie les actions qui la constituent, parce que ces actions tombent sous les sens, c'est-à-dire qu'elles sont vues, entendues ou senties, et que la vertu n'est qu'une induction tirée de ces actions et n'a pas de corps.

La pensée ne photographie pas davantage le temps qui n'a pas de corps, mais elle photographie la succession des mouvements qui constituent le temps, puisqu'ils tombent également sous les sens. Trois cent soixante-cinq ou six levers de soleil constituent le temps qu'on nomme l'année.

Seulement, les corps ou les actions et mouvements une fois photographiés et fixés dans la mémoire, la pensée ne répète pas volontiers une opération qui la surchargerait, elle passe indifférente devant un nouveau lever de soleil qu'elle a déjà vu, de manière que la *succession* n'entre que peu ou point dans la mémoire et qu'il lui faut beaucoup d'efforts pour rappeler l'ordre des faits même pour une seule journée ; en un mot, ce que nous nommons le temps existe à peine pour la pensée, et sans l'*écriture*, qui est à la *succession* des mouvements ce que la mémoire est à leur perception isolée, les *temps* historiques n'existeraient pas encore. Ils ne peuvent dater que du jour de sa découverte, basé de l'établissement d'un calendrier.

Cela posé, nous parlerons désormais des temps des verbes, comme si le temps était un corps ; ainsi fait-on pour la vertu ou les qualités dont on parle comme des corps.

Il y a trois temps : le présent, le passé et l'avenir. Le passé n'existe que par souvenir ; l'avenir n'existe que par induction et tous trois se résument dans l'exhibition qu'en fait actuellement la pensée, qui nous rend le passé et prédit l'avenir dans le langage : *clio gesta canens transactis tempora reddit.*

J'ai vu lever le soleil hier ; je le vois lever aujourd'hui ; je le verrai lever demain.

Pour les besoins du langage, on a ajouté à chacun de ces trois temps, des temps relatifs, dont nous allons donner l'explication.

De la formule du Verbe dans ses applications.

Les temps des verbes se trouvent désignés par le seul fait de quelques variations dans la formule applicable à chacun d'eux.

Je déjeune, est un temps présent ou actuel absolu.

Je déjeunais, est encore un temps actuel, mais toujours relatif à un autre temps actuel ; la différence entre les deux est que l'action marquée par celui-ci est imparfaite quand l'autre est absolue. Exemple :

Vous entrez. Je déjeunais, continuez avec moi ; et les deux convives sortent de table en même temps.

On voit que ces deux actions sont actuelles et contemporaines, et quand on les ferait remonter dans le passé, elles seraient toujours actuelles, en regard l'une de l'autre : Je déjeunais il y a quinze jours, vous êtes entré, vous avez continué le déjeuner avec moi. — L'action imparfaite : *je déjeunais*, a toujours le même rapport avec : *vous entrez*, et toutes deux étaient actuelles le jour où elles ont eu lieu, rapport que l'éloignement ne peut détruire.

L'imparfait est toujours un temps relatif *actuel*.

Cette explication sur la nature de ce premier temps relatif nous dispensera d'y revenir à l'occasion des autres temps relatifs que nous allons rencontrer dans la formule du verbe.

Je déjeunai chez X... il y a quinze jours ; temps passé absolu.

J'ai déjeuné chez X... un jour qu'il partait pour Paris ; temps passé relatif indéterminé.

Nous eûmes déjeuné avant l'arrivée du train ; temps passé relatif à l'antériorité de l'arrivée.

Nous avions déjeuné complétement avant l'arrivée du train ; temps passé relatif à une action non encore accomplie quand l'action principale est plus que parfaite.

Je déjeunerai chez X... demain ; temps futur absolu.

J'aurai déjeuné avant le départ du train qui doit m'emporter ; temps futur relatif à l'antériorité du déjeuner sur le départ du train.

Voilà tous les temps qui concernent la mémoire, première partie de la pensée comme ils sont, sous leurs huit formules partielles, la première partie du verbe.

La seconde partie de la pensée est le jugement qui provoque le sentiment. La seconde partie du verbe devra fournir les moyens de présenter le sentiment dans les conditions où il peut se rencontrer.

Le sentiment est à la pensée ce que le besoin est à l'organisme ; il est toujours incertain de savoir si le raisonnement trouvera un moyen de le satisfaire, et c'est cette incertitude qui est le résumé du sentiment à laquelle le verbe doit fournir un cadre pour se manifester.

Je déjeunerais chez X... demain, mais c'est un déjeuner de gala et je n'ai pas d'habits convenables.

Par le raisonnement, trouverai-je moyen d'avoir ces habits ? S'il ne me donne pas moyen de les trouver, je n'assisterai pas à ce déjeuner.

Voilà la portée de ce que l'on appelle si improprement *le conditionnel.*

Une condition s'exprime ainsi : Je ferai cela si vous me donnez cinq francs, sinon, non.

Il ne s'agit point d'une condition, mais d'une hypothèse soumise au raisonnement dont on acceptera la solution quelle qu'elle soit. — Cela dit, on peut continuer à nommer conditionnel cette formule, pourvu qu'elle soit comprise comme nous venons de l'indiquer ; mieux vaudrait un autre nom qui indiquerait la nature de l'hypothèse.

J'aurais déjeuné, ou j'eusse déjeuné chez X... hier, si j'avais eu des habits convenables ; même formule au passé, relatif à l'empêchement indiqué.

Voilà de quoi manifester toutes les hypothèses relatives au sentiment, deuxième partie de la pensée, comme leurs deux formules sont la deuxième partie du verbe.

La troisième partie de la pensée est le raisonnement, et le raisonnement se résume dans la volonté, sa dernière partie qui constitue virtuellement le commandement.

La troisième et dernière partie du verbe devra donc fournir les moyens de commandement, et ces moyens se trouvent dans la formule unique de l'impératif.

Déjeune avec moi. — Déjeunons ensemble. — Déjeunez tous avec nous.

Pas n'est besoin d'insister sur cette formule qui s'explique d'elle-même. La grammaire pour celle-ci comme pour les autres fera le reste.

Ces onze ou douze formules divisées en trois sections sont tout le verbe, comme la mémoire, le sentiment et le raisonnement auxquels elles se rapportent sont toute la pensée.

Nous allons maintenant expliquer les parties accessoires du verbe, dont le rapport avec les précédents est de se confondre en elles par les moyens que nous allons faire connaître.

Le subjonctif, ainsi que son nom l'indique, est une partie ajoutée au verbe. — Cette addition en dessous, *sub*, appelle nécessairement une addition en dessus, *super*, une superposition pour laquelle un mot d'attente est préparé. — Cette superposition est un verbe qui fera rentrer le subjonctif dans l'une des trois conditions du verbe en le prenant pour complément.

Et la remarque à faire dans la réunion de ces deux verbes est que le premier, la superposition, est toujours un besoin ou un sentiment qui, tous deux, cherchent satisfaction.

Exemple : Il faut, je désire, je veux, j'aimerais que tu ailles là, que tu fasses cela, que tu sois cela, que tu aies cela; pas un autre verbe qu'un verbe de besoin ou de sentiment ne peut être superposé au subjonctif.

Il en serait de même de l'infinitif; exemple : il faut, je désire, je veux, j'aimerais *aller* là, *faire* cela, *être* cela, avoir cela, exactement comme le subjonctif, avec les mêmes conséquences de les faire rentrer tous deux dans la mémoire, le sentiment et le raisonnement.

Malheureusement, par un vice radical de la langue française, l'infinitif est chargé de plusieurs rôles qui dénaturent son caractère. — La langue française, dont l'origine remonte à la langue latine, a mis de côté trois parties subjonctives de cette langue, et elle en a chargé l'infinitif français au grand détriment de la clarté du langage et surtout aux dépens de sa liberté. Les latins disaient : *Eo lusum*, je vais pour le jeu; — *tempus legendi*, c'est le temps du lecteur; *ambulat legendo*, il se promène avec la lecture; et les Français disent : je vais jouer; c'est le temps de lire; il se promène à lire ou il s'amuse à lire; toujours l'infinitif comme subjonction; si vous joignez à cela tous les besoins et tous les sentiments qui le sollicitent au même titre, vous arrivez à une grande confusion, déjà bien fâcheuse, mais le plus grand mal pour la langue française est la perte de sa liberté; il lui faut, pour cette omission, rester l'esclave de la langue latine à perpétuité.

Le Supin supprimé est la racine de la moitié des substantifs de la langue française; on ne peut donc comprendre ces substantifs qu'en se reportant à la langue latine.

Pourquoi natation est-il substantif de nager? pourquoi collation est-il substantif de conférer? pourquoi direction est-il substantif de diriger? etc., parce que le premier vient du supin *natatum*; le second de ferre tuli latum, dont le composé fait au supin *collatum*; le troisième du supin *directum*, dont nous avons fait natation, direction, collation. Magnifique réponse d'un professeur de français à des gens qui n'entendent pas le latin.

Il n'entre pas dans notre pensée d'appeler une réforme sur ces faits malheureux, nous n'avons voulu, en les signalant, qu'appeler l'attention des professeurs sur la nécessité d'en prévenir les élèves et surtout sur la nécessité d'un vrai dictionnaire qui rendrait à toutes les parties du langage leur véritable caractère.

Et pourtant, pourquoi ne dirait-on pas nageacion, dirigeacion, conférement? Au commencement cela semblerait dur! et les réformes s'obtiennent si difficilement, qu'il ne faut pas y penser.

Ce qu'on nomme les participes n'est plus même une dépendance du verbe dans les trois parties duquel ils ne rentrent par aucune formule.

Les participes sont la désignation soumise à toutes les lois ordinaires du langage pour la déclinaison comme pour la conjugaison qui leur est propre.

Les participes ne sont ni présents, ni passés, ni futurs, ils n'auront que les temps résultant de la formule qui leur sera appliquée; ils ne sont là que comme un témoignage des corps qui président à l'action soumise intrinsèquement à la formule du verbe.

En un mot, ce qu'on nomme les participes est une désignation des corps actifs ou passifs. — Ainsi aimant est, comme amoureux, un génitif du nominatif avoir l'amour; il se conjugue et décline absolument de la même façon : « Je suis aimant; j'ai été aimant; je serai aimant. » On voit que, sous le rapport du temps, le participe est aussi bien passé ou futur que présent.

Aimé, aimée n'est pas davantage un passé et se présentera dans les temps qu'indiquera sa formule, qui ne peut être que passive, car quand ils ont dit participe *passé*, c'est *passif* qu'ils voulaient dire. « Je suis aimé; j'ai été aimé; je serai aimé. » On voit que ce prétendu passé est de tous les temps, présent, passé et futur.

Il en est ainsi de la déclinaison des participes : « l'homme aimant ; de l'homme aimant ; à l'homme aimant ; la femme aimante ; de la femme aimante ; à la femme aimante, etc. ; l'homme aimé ; de l'homme aimé, etc.

Les participes sont des noms désignant les auteurs actifs et passifs de l'action désignée par le verbe.

Que si la femme aimant son mari peut être considérée comme exécutant l'action d'aimer, ayant pour régime son mari, cela n'a aucun rapport avec la formule aimer, mais *son mari* est le régime de la formule être aimant, qui est un verbe actif aussi bien qu'aimer, qu'il peut remplacer d'un bout à l'autre sans rien lui emprunter, le dominant de toute la hauteur du corps sur l'action.

Tous les verbes se peuvent conjuguer avec la formule être et les participes quand le complément est génitif, comme ils peuvent se conjuguer avec la formule avoir quand le complément est nominatif. C'est ce que va démontrer l'explication sur les différentes natures de verbes.

Des différentes natures de Verbes.

Il y a deux natures de verbes, les verbes concernant les corps et les verbes concernant les actions.

Les verbes concernant les corps sont avoir, être, et vivre ou agir.

On s'étonnera de voir le verbe agir dans la catégorie des verbes qui concernent les corps. En effet, sa physionomie est trompeuse, car agir n'a aucun rapport avec les actions ; c'est vivre qu'il faut lire quand on voit le mot agir ; mais telle est la force de l'usage, qu'il faut conserver ce mot impropre, ce qui est indifférent quand on est fixé sur sa valeur.

Le verbe avoir est un verbe qui n'admet comme complément que des corps, parties, parcelles ou adhérences de corps, formes artificielles qui ne font qu'un avec le corps, parties appropriées au corps. — Aussi, dès qu'un mot justement appliqué peut faire complément du verbe avoir, il est hors de doute qu'il est un corps ou fait partie des accessoires de corps que nous venons d'indiquer. — Avoir n'admettant comme complément que des corps, c'est-à-dire des causes, est un verbe nominatif.

Le verbe être est un verbe qui n'admet comme compléments absolument que les conséquences directes du verbe avoir, ce qui fait du verbe être un verbe engendré par le verbe avoir et, par conséquent, un verbe génitif avec la même valeur à l'égard de ses compléments, qui sont nécessairement des corps.

Le verbe vivre ou agir est une verbe engendré par avoir et être, dont il fait connaître les moyens et la manière d'agir, en n'admettant comme compléments que des corps qui fassent connaître ces deux termes de la vie, ce qui fait du verbe agir un verbe ablatif.

Exemple : « J'ai la vertu ; » vertu fait partie du corps qui la possède.

« Je suis vertueux » est une conséquence directe d'avoir la vertu, sans la possession de laquelle on ne serait pas vertueux ; le vertueux est un corps.

« J'agis vertueusement ou par la vertu ; » pour agir vertueusement il faut être vertueux et avoir la vertu, c'est trois fois avoir un même corps.

J'ai une main, je suis manipulateur ; j'agis dans, avec ou par la manipulation.

J'ai une faux ; je suis faucheur ; j'agis par le fauchage.

J'ai une maison ; je suis propriétaire ; j'agis par les soins donnés à ma maison.

Cette trinité des *verbes avoir, être et agir* a une telle force de cohésion, qu'avec un seul des trois termes vous pouvez toujours reconstituer les deux termes absents.

J'agis en fauchant, donc je suis faucheur ; je suis faucheur, donc j'ai une faux ; point d'exception. Je suis marcheur, donc j'ai des jambes, etc.

Les fonctions si lumineuses des deux verbes avoir et être sont obscurcies par leur emploi comme auxiliaires dans la conjugaison des verbes, mais il suffit de signaler l'inconvénient pour le faire disparaître ; il ne faut considérer ce mélange hybride que comme un simple changement de terminaison, surtout *sans accord possible*.

Être, présente encore le passif dans toutes les conditions où il peut se rencontrer. C'est son rôle, et cela n'a d'inconvénient que la grande attention nécessaire pour bien distinguer sa valeur. Quand il accompagne un passif, il n'est plus le verbe génitif qui pourrait remonter à avoir ou descendre à agir, il est nominatif, en rapport avec l'ablatif : Je suis aimé de Dieu.

Des Verbes concernant les actions.

Les principes des formules de verbes propres à présenter les actions dans toutes les conditions où elles peuvent se rencontrer sont exactement les mêmes que pour les corps.

Ces formules consistent toujours dans les rapports avec la mémoire, le jugement et le raisonnement suivis de subjonctifs, infinitifs et participes dont nous avons fait connaître l'usage.

Il ne nous resterait donc qu'à indiquer les formules-types auxquelles les compléments-actions pourraient s'adapter sans une circonstance que voici :

Dans une foule de cas, le langage ajoute à la formule un complément intrinsèque : marcher, c'est faire une marche ; sauter, c'est faire un saut; lire, c'est faire une lecture; mais, comme on le voit, cela ne change rien aux principes, puisqu'on a en même temps l'exemple du même complément à la fois intrinsèque et rapporté ou extrinsèque ; l'identité de *marcher* avec *faire une marche* n'est pas contestable, c'est donc seulement pour la commodité (élégance ou laconisme) du langage, que les deux moyens sont employés indifféremment.

Du reste, il n'y a pas de verbes à compléments intrinsèques pour la sixième partie des actions qu'il faut présenter dans les conditions où elles peuvent se rencontrer, leur nombre et leur variété infinis s'y opposent, et comme pour les corps, il a fallu les rapprocher d'une formule commune à toutes les actions : faire une maison, faire de la toile, faire un cadeau, et tant d'autres, n'ont pas de verbes à complément intrinsèque.

Le verbe *faire* est donc une formule générale à laquelle toutes les actions peuvent servir de complément. C'est un critérium certain pour les reconnaître, et toutes les fois qu'un mot peut être complément du verbe faire ou d'une autre formule active, comme lui sans complément, il désigne une action.

Comme tous les compléments intrinsèques de toutes les formules de verbes sont des actions,

Tous les verbes concernant les actions sont le lien entre le corps d'où partent ces actions et le corps sur lequel elles doivent s'exercer, entre l'acteur et son objectif. Tous ces verbes sont donc datif ou accusatif.

S'il n'y a pas d'exceptions dans les moyens de reconnaître la désignation des corps par le critérium d'*avoir*, *être* et *agir*, comme de reconnaître les actions par le critérium des autres verbes, il y a cependant une distinction à établir pour certaines désignations qui sont à la fois corps et actions, ou plutôt qui peuvent le devenir. Ce sont les *sentiments*; on les reconnaît précisément à ce signe certain qu'ils sont compléments d'*avoir*, *être* et *agir* en même temps que de *faire*. Aussi l'on dit : avoir l'amour ou l'amitié, avoir la haine, avoir l'envie. On dit : Être amoureux ou amical, être haineux, être envieux. On dit : Agir amoureusement ou amicalement, agir haineusement, agir envieusement, comme on peut dire, suivant les circonstances, aimer ou faire l'amour, ou faire acte d'amitié; haïr ou faire acte de haine, envier ou faire acte d'envie.

C'est que le sentiment ne sera complet que quand le raisonnement aura trouvé les moyens de mettre l'amoureux en rapport avec l'objet de son amour, l'ami en rapport avec l'objet de son amitié, le haineux en rapport avec l'objet de sa haine, l'envieux en rapport avec l'objet de son envie par les actions qui constituent l'amour, l'amitié, la haine ou l'envie, actions qui devront être la satisfaction du sentiment en le complétant. L'amour fait partie du corps, aimer fait partie des actions du corps, etc.

Ainsi mis en possession de la connaissance des trois natures de mots qui composent tout le langage : Désignation, Déclinaison et Conjugaison, il est impossible de méconnaître l'indivisibilité absolue de cette trinité. — La déclinaison commande la conjugaison, comme la conjugaison commande la déclinaison, et aucune des deux n'a la moindre valeur sans la désignation; tantôt commandant l'une et soumise à l'autre, tantôt soumise à l'autre et commandant la première, et toujours liées invinciblement toutes trois entre elles, caractère essentiel de toute trinité, dont aucune partie isolée n'a de valeur sans les deux autres, ce qui les ramène toujours toutes trois à l'unité.

Ces trois mots du langage ont pour origine la vie elle-même, dont l'unité trinitaire se manifeste par trois accidents : 1° les besoins à satisfaire; 2° les moyens de satisfaire les besoins; 3° et les besoins satisfaits, autre trinité dont les mots du langage parcourent les douze stations qui sont le zodiaque de la vie individuelle.

Voici, par ordre, les douze stations de ce zodiaque qui font connaître suffisamment l'origine de la variété des mots.

1° Les besoins à satisfaire (*sensations ou négation d'avoir*) à la recherche des corps qui doivent leur donner satisfaction, provoquent les sens; 2° les sens provoquent la mémoire; 3° la mémoire provoque le jugement; 4° le jugement provoque le sentiment; 5° le sentiment provoque les qualités; 6° les qualités provoquent le raisonnement; 7° le raisonnement provoque la science; 8° la science provoque la puissance; 9° la puissance provoque la volonté; 10° la volonté provoque l'action; 11° l'action provoque le but ou le résultat; 12° le résultat provoque la satisfaction des besoins ou constate l'impossibilité de les satisfaire. Heur ou malheur en est le résumé.

Tels sont tous les principes généraux du langage.

DU DICTIONNAIRE

On ne saurait exiger de chacun des membres de la grande société humaine l'étude de l'origine, de la nature et de la valeur de chacun des mots du langage; c'est beaucoup d'en étudier le tableau tout préparé qui constitue le Dictionnaire;

Surtout si l'on songe qu'il reste encore à étudier la manière de présenter, d'agencer, d'employer les mots compris en ce tableau, opérations qui constituent la qualité grammaire.

Nous allons ici résumer seulement les grands principes qui doivent présider à la confection du Dictionnaire, réservant pour un traité spécial ce qui concerne la grammaire, dont on connaît déjà les vrais principes.

Le premier grand principe du Dictionnaire est l'indivisibilité de la trinité des mots.

La vie entière est une trinité et chacune des parties de la vie est une trinité. — Le langage entier doit donc être une trinité comme chacune des parties du langage doit être une trinité, et toute trinité est indivisible.

La trinité des mots se marque dans le Dictionnaire en rapprochant leurs parties trinitaires d'*avoir*, *être*, *agir* et *faire*.

Vous avez à enregistrer dans le Dictionnaire le mot vertu, et vous dites, rapprochant toutes ses parties :

Vertu (avoir la)
Vertueux (être)   } faire le sacrifice total ou partiel de sa personne et
Vertueusement (agir) }   de ses biens au profit d'autrui.

On voit qu'une seule définition suffit aux trois parties de la trinité du mot vertu, et cela doit être, puisque c'est par là que cette trinité revient à son unité nécessaire.

Tous les mots se prêteront à cette combinaison.

Pioche (avoir une)
Piocheur (être)   } faire emploi de la pioche pour
Piochage (agir par le *ou* faire le), Piocher }   cultiver la terre.

Amitié (avoir l')
Ami *ou* amical (être) } faire toutes les actions qui constituent l'amitié et
Amicalement (agir)   }   appellent une réciprocité sans laquelle ce
Aimer *ou* faire amitié }   sentiment n'existe pas.

Prévoyance (avoir la)
Prévoyant (être)   } faire les actions qui constituent cette
Prévoir (agir par prévoyance) }   fonction, comme celle de cueillir en été
                              }   des fruits à conserver pour l'hiver.

Si l'on se rappelle que tous les compléments d'*avoir* sont des corps et tout ce qui appartient aux corps; que tous les compléments d'*être* sont des conséquences, des propriétés des corps; que tous les compléments d'*agir* sont les moyens pour les corps d'atteindre le but ou les résultats; que tous les compléments de *faire* sont la manifestation des corps et accessoires et la sanction de leur existence qui resterait inconnue sans les actions; que tous les compléments d'*avoir* sont des causes et des nominatifs; que tous les compléments d'*être* sont des effets et des génitifs; que si *être* est génitif d'*avoir*, il est nominatif d'*agir*, et que si *agir* est génitif d'*être* il est nominatif de *faire*; si nous ajoutons, enfin, que les compléments d'*avoir* marquent la science; que les compléments d'*être* marquent la puissance; que les compléments d'*agir* marquent la *volonté*, et que les compléments de *faire* sont la sanction et la manifestation de toutes ces parties de la vie, on aura une idée de la force d'instruction qu'imprimera au Dictionnaire le rapprochement d'*avoir*, *être*, *agir* et *faire* de tous les mots du langage.

Nous avons dit qu'*avoir* marquait la science; en effet, quand on dit d'un homme : il a la vertu, cette désignation d'un homme indique sa science de pratiquer la vertu.

Quand on dit d'un homme : il est vertueux, cette désignation indique sa puissance de pratiquer la vertu.

Quand on dit d'un homme : il agit vertueusement, cette désignation indique sa volonté de pratiquer la vertu.

Quand on dit d'un homme : il sacrifie ses biens au profit du pauvre, cette désignation fait preuve de la réalité des trois désignations précédentes; elle en est la manifestation et la sanction nécessaire, puisque sans cette dernière partie les autres resteraient inconnues.

Ainsi, le Dictionnaire ne doit pas présenter un seul mot sans toutes ses parties représentant tous ses cas et conditions, suivis de manifestation ou sanction par les actions.

En dehors de ces conditions, il n'y a pas de Dictionnaire. C'est ce que vont démontrer les quelques explications qui vont suivre.

Après les cas et les conditions, après le rapprochement des mots de chacune des parties du zodiaque de la pensée, le Dictionnaire doit encore marquer la distinction entre les formes naturelles et les formes artificielles que l'homme a su et pu se donner. —Cette distinction est, comme on va le voir, la partie fondamentale de la valeur des mots.

Enlevez à l'homme ses formes et conditions artificielles, et il n'est plus rien qu'un animal sans responsabilité, comme tous les autres animaux auxquels on ne songe point à demander compte du bien ou du mal, du juste ou de l'injuste, pas plus qu'à leur reconnaître des droits ou à leur imposer des devoirs.

Tandis que l'association humaine, condition artificielle de l'homme, exige pour subsister une morale bien définie : Tu ne déroberas point...

Qu'est-ce, en effet, que la société où l'association humaine? Une convention réciproque par laquelle on assure la conservation de tous au moyen des efforts de chacun, et la conservation de chacun au moyen des efforts de tous; et encore une convention par laquelle la liberté de chacun est limitée par la liberté de tous, comme la liberté de tous est limitée par la liberté de chacun.

Il n'est pas difficile, et l'on pourrait porter un défi de les trouver ailleurs, de trouver là les droits et les devoirs, le bien et le mal, le juste et l'injuste; car si l'on a droit à la protection de tous, on a le devoir de concourir, avec tous, à la protection de chacun. S'il est juste de profiter de la protection de tous, il est injuste de refuser son concours à la protection de chacun ; le bien est l'accomplissement de ces devoirs sociaux, le mal est la négation de l'accomplissement de ces devoirs.

Ces principes incontestables prennent en sens contraire une grande extension dans la vertu, qui est plus que le devoir, puisqu'elle est l'abnégation de soi-même et consiste dans le sacrifice total ou partiel de sa personne et de ses biens au profit d'autrui, comme le vice est plus que la négation du devoir, puisqu'il consiste dans l'exagération de l'égoïsme qui le fait s'emparer de la personne et des biens d'autrui, totalement ou partiellement.

Les droits et les devoirs, le bien et le mal, le juste et l'injuste, les vertus et les vices, comme la liberté limitée sont une dépendance indéniable de l'association humaine, en dehors de laquelle on ne peut leur trouver aucune application. Ils sont de même nature, car la société est une condition artificielle de l'homme comme les droits et les devoirs, le bien et le mal, etc.;

sont des formes artificielles de sa pensée qui commande les actions nécessaires au maintien de cette société.

Les formes artificielles sont inséparables des formes naturelles de l'homme
dont elles ne sont que le complément. La massue ajoute à sa force, mais
ne la constitue pas. Dans l'ordre naturel, la force prime le droit, qui ne s'y
trouve pas; mais dans l'ordre social, le droit doit primer la force, puisque
le droit est le respect de la convention et de la foi jurée. Mais il faut remarquer que le naturel l'emporte toujours sur l'artificiel, puisque pour faire
prévaloir le droit, c'est-à-dire le respect de la convention, il faut souvent
employer la force; la force prime donc le droit.

Le bien et le mal et tous leurs accessoires appartiennent donc en propre
à l'homme sans plus de rapport avec la vie universelle ou générale que
pour les autres formes artificielles qu'il s'est donné.

D'après ces explications, il n'est pas besoin d'insister sur la nécessité,
pour le Dictionnaire, de donner l'indication des formes et conditions artificielles de l'homme, ce qui peut se faire par le moindre signe convenu
placé en tête du Dictionnaire, comme on fait pour le genre ou autre caractère de chaque mot.

Ainsi, toute désignation doit avoir, dans le Dictionnaire, sa trinité entière, c'est-à-dire tous ses cas et conditions manifestés par le rapprochement d'avoir, être, agir ou faire, de chacune des parties du mot qui fait la
désignation.

Toute désignation doit porter la marque de celle des douze parties de la
vie à laquelle elle appartient.

Toute désignation doit porter, enfin, la marque de son origine naturelle
ou artificielle.

Tout résultat permanent du travail de l'homme en devient une forme artificielle.

Une maison est une forme artificielle de l'homme, c'est une carapace qui
le met à l'abri des fauves et des intempéries, où il peut entasser et tenir
à sa portée tout ce que sa prévoyance des besoins peut lui suggérer, etc.,
et tout cela sans compter le genre que dans la plupart des cas rien ne détermine que l'usage.

Voilà les vrais principes d'un Dictionnaire, les seuls qui puissent donner
aux définitions la valeur d'un axiome.

Exemple :

Vous avez à enregistrer dans le Dictionnaire le mot marcheur. — Le verbe
être, qui s'y adapte exactement, vous annonce un génitif, je suis marcheur.
Marche, qui est une dépendance de marcheur, fait encore exactement le
complément ablatif d'agir, agir par la marche; elle fait toujours exactement complément accusatif du verbe faire, faire une marche, dont l'équi-
valent est la condition générale marcher.

Mais il nous manque le nominatif. Qu'est-ce donc qu'être marcheur, qu'a-
gir par la marche, que faire une marche, que marcher? C'est changer de
lieu au moyen des jambes, et pour cela il faut *avoir des jambes*; voilà
donc le nominatif, absent en apparence, retrouvé. Il était nécessaire à la
véritable définition du mot. — Une autre fois ce sera le génitif, absent en
apparence, qui fournira la définition du mot, — et toutes les désignations
trinitaires, sans exception, se plient à cette règle nécessaire du langage.

Aussi, briser dans le Dictionnaire l'unité trinitaire de la désignation,
c'est le faire propagateur d'ignorance et d'idiotisme. Toutes les parties de
la vie sont une trinité, comme la vie entière est une trinité, et le langage
traducteur de la vie, ou mieux, photographe de la vie, ne peut procéder
autrement que la vie elle-même, par trinité indivisible.

Être ami ou être amical est génitif d'avoir de l'amitié; agir amicalement ou agir par amitié est ablatif d'avoir de l'amitié, comme aimer ou
faire amitié est accusatif d'avoir de l'amitié. Renversons la proposition et
nous trouverons qu'avoir de l'amitié est le nominatif ou la cause d'être
ami ou amical, d'agir amicalement ou d'aimer.

Comment donc un Dictionnaire pourrait-il sans forfaire au sens commun
donner cinq définitions différentes de cette *trinité une, avoir, être, agir* ou
faire, accolés au mot amitié et à ses conséquences, ce qui est dire à ses génitifs ami, amical, amicalement, aimer?

Le respect de cette trinité doit faire d'un Dictionnaire la plus vraie, la
plus riche encyclopédie qui se puisse imaginer, le plus vaste et le plus
riche foyer de lumière que l'homme ait pu rêver.

Nous savons bien que de récents exemples doivent rendre circonspect quand on parle d'encyclopédie. — Mais appuyé sur des principes immuables, on est en droit d'attendre d'autres résultats que l'oubli dont fut bientôt atteinte l'encyclopédie tapageuse et la philosophie contemporaine, dont tous les vrais principes étaient absents.

Pauvre Diderot! pauvre d'Alembert! pauvres encyclopédistes!...
Pauvre Rousseau! pauvre Voltaire! pauvres philosophes!...

Combien vous avez pourchassé la vérité de toutes parts sans pouvoir jamais la rencontrer! Sa cachette était pourtant bien mince! On l'entendait rire de vos efforts mal dirigés pour la saisir; l'humanité avait beau vous crier par toutes ses voix : Elle est ici! elle est ici! vous demeuriez sourds et aveugles; sous la préoccupation de votre supériorité intellectuelle, l'amour-propre vous disait : Personne ne peut entendre ce que vous n'entendez pas; personne ne peut voir ce que vous ne voyez pas! Grave erreur! car si chacun avait en effet moins d'intelligence que vous, la généralité en avait bien davantage.

C'est donc dans le livre de *Monsieur Tout le monde*, dont nous venons de tourner quelques feuillets, qu'il vous eût fallu d'abord apprendre à lire, et vous avez complétement négligé de le faire; aussi, quelques efforts que l'on fasse, rien ne pourra galvaniser la nullité de vos conceptions.

Nous sera-t-il permis, à nous chétif, de dire ici la cause de toutes les déceptions théologiques, philosophiques, morales, religieuses et enseignantes? Elle est dans le brillant de la pensée, que l'on prend pour la vie quand elle n'en est que le moyen. Ainsi ont fait à tort ces grands esprits!...

Une autre raison plus forte encore, un autre obstacle invincible les empêchait d'arriver à la vérité qui était en puissance de leurs adversaires, de ceux qu'ils combattaient à outrance. Les chrétiens absorbaient la vérité tout entière, aussi est-ce à eux que nous allons demander la preuve suprême de la vérité de notre système, absolument identique à leur système religieux.

Les chrétiens ont comme nous la trinité de la vie : *Au commencement était le verbe, et le verbe était en Dieu, et Dieu était le verbe.*

Les chrétiens ont comme nous l'incarnation : *et tout ce qui existe est une partie de lui-même, ou rien de ce qui a été fait n'a été fait sans qu'il y entre une partie de lui-même.*

Les chrétiens ont comme nous pour principe de vie la lumière : *En lui était la vie, et sa lumière était la vie des hommes.* — Evan. s. st. Jean.

L'identité de cette première trinité avec la nôtre n'est pas contestable.

Les chrétiens ont, comme nous, la trinité dans toutes les parties de la vie : Ils ont le Père tout puissant, *patrem omnipotentem;* ils ont l'Esprit vivifiant, *et vivificantem;* ils ont le Fils consubstantiel au père, *consubstantialem patri,* et ce fils est Dieu, tiré ou sorti de Dieu; et ce fils est lumière, tiré ou sorti de sa lumière, et ce fils est un vrai Dieu, tiré ou sorti du vrai Dieu, et ce fils est né de la vierge, de la fiancée, de l'épouse, de la mère immaculée, ce qui veut dire fécondée par la lumière, qui ne fait point tache dans la vie.

Voilà donc encore une trinité identique à tout ce que nous avons dit, c'est la famille céleste, image de la famille humaine, où le fils procède du père par l'esprit et de la mère par l'organisme. Père, mère et fils auxquels il ne s'agit plus que de donner leur vrai nom.

L'étymologie du mot Jesu va nous aider dans cette recherche.

Jesu vient du grec, il est formé, par métathèse ou transposition, du mot grec uies, qui veut dire fils, comme als et arpax forment les mots sel et rapace, par les mêmes procédés. — La première lettre de uies placée à la fin fait Jesu, comme la dernière lettre de als placée au commencement fait sal ou sel, comme la seconde lettre d'arpax transposée et placée la première fait rapax ou rapace. Jesu, dans les trois langues grecque, latine ou française veut donc dire fils.

Or, quel peut bien être Jesu, le fils du créateur, en communication, par son esprit lumineux, avec la terre? Ce ne peut être que la création tout entière; aussi bien par rapport à la terre que par rapport à toutes les autres planètes, car les chrétiens avaient, au commencement, sept vierges immaculées, c'étaient les sept Marie, alors que l'on ne connaissait que sept planètes.

Les chrétiens l'ont bien entendu ainsi, car ils ont la lumière répandue dans le monde sous ses douze formes, par les douze apôtres; ils ont les quatre évangélistes qui enseignent son périgée, son apogée et ses deux équinoxes ; toutes leurs principales fêtes sont en rapport avec les accidents variés de la lumière ou même avec ses résultats ; les noces de Cana rappellent la substitution du vin à l'eau comme boisson, et la multiplication des pains rappelle les moissons abondantes dont on sent le besoin sous le signe des poissons.

Toutes les églises chrétiennes sont tournées au soleil levant et tous les ostensoirs sont des soleils.

D'après ces simples rapprochements, nous ne ferons pas à nos lecteurs l'injure de croire qu'ils ne pourraient pas les continuer dans toutes les parties qui leur sembleraient intéressantes, sûrs qu'ils sont de trouver toujours dans ces rapprochements une exactitude mathématique.

Et s'il restait le moindre doute, nous allons pour le dissiper, invoquer l'esprit saint et dire un *Pater* et un *Ave*.

Envoyez votre lumière et tout sera créé, et vous renouvellerez la face de la terre.

Voilà bien le principe de la création par la lumière ou esprit.

Au printemps, en face de la verdure nouvelle toute diaprée de ses fleurs odorantes, en face d'un ruisseau limpide bordé de deux rangées d'arbres feuillus pleins d'ombre et de fraîcheur, sous l'influence des chants d'innombrables oiseaux de toutes couleurs, saluant la venue du créateur, quel homme ne sera prêt à s'écrier : Je vous salue, Marie, pleine de grâces ; et voyant les rayons du soleil caresser cette mère immaculée, l'échauffer, la féconder, n'ajoutera pas : Le maître est avec vous, vous êtes bénie entre toutes et le fruit de vos entrailles est béni !

Cette prière si simple et si belle monte aux lèvres d'elle-même, et la mélancolie des quelques paroles qui suivent est bien justifiée par la fragilité de notre nature.

Et d'autre part, toujours sous la même influence, quel homme ébloui par la lumière et frappé de l'effet de ses caresses adressées à la mère de la création ne se prosternera pas pour dire: Notre Père qui êtes aux cieux, que votre nom soit glorifié, et ne s'adressera pas à toutes les puissances de ce père commun pour, se soumettant à sa volonté irrésistible, en obtenir, selon ses besoins, la nourriture et la conservation.

Sans insister davantage, il est facile de comprendre comment l'étude de la vie peut donner tous les vrais principes du langage, et comment ces principes peuvent à leur tour aider à la reconstitution de toutes les parties consubstantielles de la vie universelle.

Ce que l'on comprend moins facilement c'est l'anathème lancé contre cette consubstantialité universelle de la vie, par ceux-là mêmes qui l'ont établi et préconisé, comme en font foi l'évangile, le symbole, l'invocation, les prières.

Était-ce bien la peine de cacher la vérité après l'avoir fait connaître ? L'anathème ne saurait enrayer le progrès. Pour arrêter l'homme dans ses recherches et découvertes, il faudrait casser ses télescopes, briser ses appareils photographiques, en un mot, lui arracher l'une après l'autre toutes ses formes artificielles ; paralyser son ardeur à courir aux extrémités de la terre pour constater le passage de Vénus sur le soleil. Qu'a produit la condamnation de Galilée, qui était déjà un anathème ? elle a excité la curiosité de l'homme, et sous cet aiguillon la science astronomique a marché plus rapidement.

Nous manquons encore d'une forme artificielle perfectionnée pour l'avancement de la pensée qui domine toutes les sciences, nous manquons d'un vrai Dictionnaire, et le Dictionnaire ne peut être vrai que s'il photographie exactement toutes les parties de la vie, telles que nous les avons fait connaître.

Puisse l'Académie française, dans son Dictionnaire, s'inspirer des principes du langage pris aux sources de la vie ; ne pas diviser ce qui est indivisible ; et comprendre dans un même article toute la trinité des mots : désignation, cas et condition. Elle aura ainsi créé une nouvelle forme artificielle, lumière de la pensée, et bien mérité de l'humanité entière.

Empêché par l'âge de prendre part à ce travail, nous emportons la satisfaction d'en avoir fait la préface.

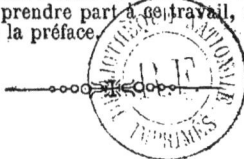